JN202408

改訂版 つらい真実

虚構の特攻隊神話

小沢郁郎

まえがき

五年ほど前の『特攻隊論――つらい真実』（たいまつ社）の「まえがき」に、私は次のように書いた。

六歳で満州事変、一二歳で日中戦争、一六歳で太平洋戦争、二〇歳で敗戦、これが私の前半生である。戦中世代としか言いようがない。高等商船学校に進学し、昭和二〇年には海上にあって戦闘の一端にまきこまれていた私は、特攻隊たることを自他に誓っていた。死はつねに身辺にあった。

突然にも敗戦の日がきた。世をあげての「死の讃美」の声はとぎれた。私（たち）小戦士をおそったのは、自己の死の意義を信じて死んでいった人々への灼くような羨望であり、「特攻隊をふくむ多くの人々の死はムダだったというのか?!」という疑問と怒りとであった。多くの友人・知人が死んでいた。とくに戦争末期の特攻隊員として失われた者の多くは、私の年齢の上下三年に集中していた。戦後の私は、同世代をふくめての「戦争での死」を考えることから再出発しようとした。

それから、三〇余年の歳月が流れた。

現在五三歳の私は、二〇歳の私とは、対極的な地点に立っている。天皇制軍隊への共感など、かけらだにない。

その私が、特攻機突入のテレビ画面には、「当れ！ 当れ！ 当ってくれ」と祈っている。まなじりを決して突入する若者今生最後のねがいが、三〇年余の歳月を一瞬にとびこえて、同世代の私によみがえるのである。

が、もし画面の特攻機が見事に命中したとしても、胸をかむかなしさといきどおろしさが減ずることはない。死んだ人たちのかけがえのなさといとおしさ、そして、虚像を信じてあとにつづこうとした自分への屈辱感が、呼びさまされるのである。かつての「死にそこない」にとっては、このかなしさと怒りの解明こそが、死者に対する、避けてはならぬ鎮魂の儀と思われる。

私は、それをもの語りたい。

右の執筆動機は、いまでも、すこしも変っていない。変りようがない。それなのに書名も改めて一書とした理由を、とくにすでに旧著を読まれた方のために、説明しておきたい。
一、旧著刊行以後、多くの批評や激励と同時に、私の気づかなかった刊本の御教示、間違いの御指摘などをいただいた。なかでも、福島尚道氏（元鉾田爆撃隊付、陸軍最初の特攻隊「万朶隊」結成時の生証人）の直接の御教示には、訂正というよりは加筆の意欲をそそられた。

二、旧著は原稿枚数制限がきびしく、舌足らずの個所が多い。また註記なしの条件も、私の意図の説明に不十分であった。

三、旧著刊行以降だけで、特攻隊関係の刊本は約一〇種を数える。新しい事実を提供してくださったものはぜひとも視野の中に入れたかったし、あるものとは対決したかった。

以上から、量的にも旧著の手直し程度を超えた。

いうまでもなく、論旨の骨格は旧著と同じで、記述をそのまま流用した個所も多い。労をいとったわけではない。私としては、これ以外に書きようがない個所だからである。が、生き残った者は、死者の「死」の意味を、なしうるかぎり正確に把握しなければならぬという荷を背負っている。その故の作業の結果である。諒とされたい。

一九八二年　年末

著者

目次

つらい真実・虚構の特攻隊神話

第一章　問題への視点

特攻隊とは

「特攻隊」とは、太平洋戦争中の日本軍の「特別攻撃隊」の略称が語源である。開戦時にハワイの真珠湾をおそった小型潜水艇（甲標的と言った）五隻一〇名（一名は捕虜となったので発表は九名）を皮きりに、シドニーやディゴスワレスなどへの甲標的の攻撃が「特別攻撃隊」の名を独占していた。

連合艦隊司令長官山本五十六は、「収容の方途を講ぜざるかぎり」その使用を認めなかった。かならず収容のための潜水艦が配された。生還した者はついに一人もなかったが。

それが、戦勢が総くずれになる米軍のフィリピン進攻の昭和十九年十月、海軍航空隊の「神風（しんぷう）特別攻撃隊」が出現した。体当り特攻である。以後敗戦までの一〇ヵ月間に、空中・水上・水中で「体当り特攻」がつぎつぎに実施された。戦後「特攻隊」と言う場合には、この体当り特攻隊を指すのが一般的である。

体当り攻撃の実施にともなって、「特攻」という言葉の使用範囲もひろげられ、敵中着陸の空挺隊、敵爆撃機への防空戦闘隊、敵上陸艇や戦車への体当り攻撃にも用いられ、輸送特攻から生産特攻という使われ方もした。敗戦まぎわには「全軍特攻」「一億総特攻」というスローガンまでが叫ばれた。太平洋戦争は事実上の体当りではなく、死にものぐるいというほどの形容詞的用法となっている。「特攻隊」にはじまり「特攻隊」に終ったと言ってもよい。

以下に問題とするのは、上記すべての「特攻」ではなく、昭和十九年十月以降の、文字どおりの「体当り特攻」である。具体的には、飛行機、人間爆弾「桜花」、人間魚雷「回天」、体当り艇「震洋」の四種を使用した特攻隊である。

特攻隊の独自性

生田惇氏はその著『陸軍航空特別攻撃隊史』(1)の序文で、独ソ戦初期、殺到するドイツ機甲部隊や爆撃機に体当りした八名の操縦士の名は「ソ連邦英雄としてソ連で」ひろく顕彰されているのに、日本の「約四千六百余名の」特攻戦没者の顕彰はおこなわれていない、と嘆いている。

この八名とは、ドイツ軍爆撃機に体当りした戦闘機三機三名、被弾炎上したのでドイツ軍燃料車に突入した四人搭乗の爆撃機と、おなじく機甲縦列に体当りした単座機一名のことであろう。最初の三機を一組とみなすと、三例は、所属も戦没日も場所もそれぞれに別で、戦術としておこなわれたのではないことがわかる。

アメリカでも、ミッドウェー海戦で被弾して日本軍艦に体当りしたヘンダーソンの名は全軍に知られ、決戦場ガダルカナルの飛行場の名とされた。

たしかに「体当り」というのは、旧日本軍だけのことではないし、また日本軍のなかでも、突然におこなわれたことではない。しかし、私が問題にする「体当り」攻撃は、以下の点において、他の「体当り」とは明確な一線を画している。
(1)　体当り以外に効果をあげられぬ戦闘法であり、体当りを唯一の目的とした機器（改造にせよ新開発にせよ）に人間が乗りこんでおこなわれたこと。
たとえば「特攻」の語源の甲標的は、二発の魚雷で敵を攻撃するのであって、体当りは有効でもないし、目的でもない。生還の可能性は、低いながらもあり、収容された例はないが、収容の潜水艦はかならず配備された。

また、飛行機の場合、自機が被弾して帰還不可能と思うと、到達できる敵目標に体当りした例はすくなくない。捕虜になるのを極度に避けた日本軍航空隊員の相当数は、この途を選んだ。また、通常の攻撃では撃破できぬと見た場合、敵の爆撃機や艦船や戦車に体当りした例もある。敵を倒したい一念が体当りを選ばせたのである。爆撃機への体当りでは、すくないが生還した例がある。

前者は最初から体当りを目的としていたのではないし、後者は、体当りだけを目的とした兵器でやったのではない。
(2)　体当りが戦術としておこなわれている。体当りのために、そのためだけに、機器が改造または開発され、乗員の訓練と編成がおこなわれている。個々人の判断や意志をこえて、「体当り部隊」すなわち「特攻隊」が編成されたのである。このような「体当り部隊」が、軍上部の命令、すくなくとも許可と協力がなければ出現不可能なことは、体当り専用兵器の開発や準備が将兵個々人に可能か否かを考えるだけで、あきらかであろう。すなわち「体当り特攻隊」は、それを許可し、推進し、戦術として実施した軍上層部なしにはありえなかったのである。体当りをした者とともに、させた者がいたのである。体当りした者とさせた者とは、軍隊内権力関係――命令と服従の上下関係にあったのであるから、両者を特攻関係者などとして同列に論ずることはできない。責任の軽重がちがいすぎるのである。

最初から、体当り専用兵器を開発・生産・準備し、要員を編成組織・訓練・実施したのは旧日本軍だけである。「世界無比」であろう。いや、明治以降の旧日本軍にさえなかった。ということは、体当り戦術は、旧日本軍にさえ一般的ではなく、昭和期日本軍独自のあり方や考え方が集中的に示されたもの、としてよかろう。

讃美論批判

それだけに、戦後の戦争論・軍隊論の多くが「特攻隊」にふれた。その場合に、旧日本軍の「優秀性」や「精強」や「美質」を主張する者は例外なく「体当り」こそ世界無比の壮挙として鑽仰する。生田惇氏は「それを讃美せずして、ほかに讃美する何があるであろうか」（前出、二五五頁）と言うが、讃美派の代表的なものであろう。

讃美派の主張は、大きく見て二つの論拠に立っている。すなわち、一つは、体当りは戦術として有効であったとする軍事的効果論（もっと早くから実施していたら戦勢逆転も可能であったろうという極端なものまである）。一つは、特攻隊員の、天皇や国家や民族への献身性の高さや美しさをいう思想ないしは心情論である。後者については「聖域」化の傾向さえ見うけられる。

生田惇氏は、前出の末文で、「人は過去に体験した出来事を、自分のために正当化し、美化して自分の記憶の中に定着させる……それは人間心理の自然である……私は多くの戦史書を書くに当たって、痛いほどそのような経験をもった」、このような「偏見」をのりこえて、「特攻隊が存在した時の真の姿を記録して後世に残すこと」が特攻に関係した人たちの責任であると言う。

私もその結論に賛成である。真の姿――実態の復元と事実の尊重以外に、死者の鎮魂はありえないと思う。そして、それだからこそ、生田氏や旧軍人の特攻讃美者のふりかざす方法論と主張に、強い疑念と危険を指摘せずにはいられない。

第一に「過去を正当化・美化したがる人間の心理」についてであるが、人は、過去よりも現在の自分の方を、より強く正当化したがるものだと私は思う。過去の自分を正当化・美化している人は、その人の生き方なり思想なりが、過去と基本的に変っていないからなのである。特攻隊についてでも、戦争についてでも「自分の過去を正当化・美化」したがる第一人者は、つねに旧軍人たちではないだろうか？　戦争や旧軍人のあり方を否定するのが「偏見」だとすれば、それを讃美するのも「偏見」ではないのか？　旧軍人たちは、いまはだれしも認めざるをえない戦争中の偏見と独断を、最低限度自覚してほしい。まちがった過去の批判――つらい真実をみつめることを怖れては、それこそ、過去より現在にいたる頑迷な自分の正当化や美化をするほかはあるまい。

第二に、資料の問題がある。

旧日本軍ほどに「美談好き」はなかった。軍人は誇張と美化が体質化していた。最大級の形容詞をやたらと乱発した。どんな死でも「壮烈ナル戦死」にしたがったし、戦死者は「天皇陛下万歳」と叫んだことにしたがった。大本営発表では、戦果や犠牲の数字まで創作した。周知のこの美化誇張癖は、公式文書でも個人の回想でも、作成者が上級になるほどひどいのが普通である。地位階級には当然「責任」がともなうが、その回避のための官僚的作文の能力も高まるものらしい。

特攻隊をふくめての諸戦史を読むと気づかざるをえないのは、公的な性格の強い戦史と、下級将兵の戦記や回想とは、ときとして炭と雪の差を示す。遊兵化してたがいの人肉までねらいあった地域でも、公的表現では「勇戦敢闘」したり、死地に入る若者は「勇躍」「莞爾トシテ」いったことになる。個々の下級将兵や個人の回想が読む者の胸を打つのは、それが真実・真情を伝えているからである。責任回避の必要のない人たちだからである。

美化誇張癖の半面は、都合の悪い事実の隠蔽・切り捨てである。個人の回想にはワンサとあった日本軍の醜行や愚行は、煙のごとくに消え去っている。餓死・疲労死・横死の方が戦死よりもずっと多かったフィリピンやインパールの死者の戦死公報に「悲惨ナル」がついたものがひとつでもあったであろうか。「こんなことがあったのではないか？」と言われても「公式には確認されていない」と逃げられる仕掛けになっている。

かくて、責任あった人たちの美しいウソが完成する。醜い部分を切り捨て、残りを誇張して美化するのだから、告別式の弔辞とおなじである。弔辞だけを材料にして故人の評価をすることは、一種の儀礼ではありえても、故人の実像の再現にはなるまい。弔辞や頌徳碑だけで書かれる歴史などありはしない。

生田氏は「本書の性格は、公的な文書に基づいて、特攻隊の成立と運用を述べた」と言われる。その「公的な文書」とは、具体的には何か？　それが戦争中に特攻隊を発案・編成・実施した上級軍人によって書かれたものであるならば、すくなくとも特攻隊についての評価に関しては、「偏見」がないと思うのが無理であろう。

史資料は、それを書いた人間の地位や立場、とくにそれを書いた目的を検討しないで、真実とすることは許されない。とくに公的なものほどそうである。そして、史資料の価値は、書いた人の位階の上下、当時の視野の広狭にも一応は対応するが、なによりも重要なのは事実・真情の反映度である。地位も位階もなく視野もせまい一少女アンネの日記が、ナチス責任者の戦後の弁明—責任のがれの多弁よりも歴史の真実を訴えていることは確かである。この一点を忘れて、実態の美化と隠蔽を権力でおし通した人たちの資料を、戦中の軍人のモラルのままに使用するならば、真実は当然にも虚像にかわられるであろう。それは「神話」ではありえても、歴史にはなりえないのである。

奥宮論に対して

過去を美化した最たるものに、奥宮正武著『海軍特別攻撃隊』(2)がある。本書は、冗長多弁であるが、要するに、特攻の正当化と礼賛である。いや、特攻礼賛というよりは、旧海軍（海兵出身者）自賛の書である。特攻をやらせた人たちは立派だし、やった人たちも立派だった、というに尽きる。

全篇にわたる粗雑な論理の批判をいまは措いて、論旨の集約であろう「まえがき」の「特攻がとられた直接・間接の理由」――いわば原因論を検討してみよう。彼は列挙する（原文のまま）。

一、祖国を救おうとしたわが海軍航空部隊の将兵を通じた愛国心にあったこと。
二、戦争の遂行に最高の責任をもっていた日本の指導者たちが、戦争には勝敗の別があることを潔く認めようとしなかったこと。
三、日本の軍人が捕虜になることが、公式には認められていなかったこと。
四、この攻撃を行った将兵たちが命令の権威に何らの疑念を持たず、その遂行のために一身を捨てることに独自の信念をもっていたこと。
五、特攻が欧米人に理解され難い理由は、宗教の差、キリスト教と仏教との差にある。仏教の無常感が生の軽視の土壌となった。

以上の所論は本文第三部「特攻を強行させた日本人」で詳論されている。最後に総括する。「特攻は、わが国民性の望ましくない面が生んだ非常事態にさいして採用された、異常な出来事であった」と（句読点の位置がまちがっていると思うが、原文のママ）。

以下逐条簡単に批判する。

一、強制のあったことを無視しすぎた論であろう。第四章で詳論しよう。
二、戦争終結、敗北に対して最も潔くなかったのは、軍部。陸軍では阿南陸相、杉山参謀総長ら。海軍では軍令部次長大西であったのは周知のこと。鈴木首相、東郷外相、米内海相らの終戦派に、頑迷狂暴に抗したのは誰か。「日本の指導者たち」ではない。「陸海軍軍人」と言うべきである。

三、日本軍の捕虜ぎらいはたしかであったが、それが悲惨な結果をもたらした大部分は孤島での玉砕戦や広域での陸上戦においてであった。捕虜になることを禁じたのは昭和期の軍部であって、国民の捕虜ぎらいも形成されたものである。国民性などではない。戊辰戦争時の榎本武揚を考えてみよ。そして、捕虜ぎらいと特攻隊とはほとんど関係ない。捕虜になることを認めていたら、特攻はやりにくかったとでも言いたいのか？

それら以上に、太平洋戦争中での最大の捕虜事件「乙事件」（連合艦隊参謀長福留繁中将が捕虜となり、作戦計画書を奪われた。第五章で後述）について、本文中でも一語もふれていない。そのような捕虜談議は、片手落ちであろう。

四、これは上下一体論というウソを大前提にしている。命令への疑念があろうがなかろうが、命令に盲従させたのが日本軍隊であった。命令の拒否などは下級将兵にとっては夢のまた夢、疑念の表明はおろか、遂行に遅滞さえ許さなかった。奥宮氏には、下級将兵の心事は分らないのではないか。第四章で私のあげる諸例はすべて氏の主張に反するものばかりである。

そして、氏の言葉どおりにとると、特攻は命令で出たことになる。自発性を強調したがる氏にとっても都合が悪いのではないか。

五、われわれ特攻世代の死生観と仏教とは関係ない。奥宮氏は、関大尉をふくめて特攻の発起者たちに仏教の影響があったことは「疑いない」と言いきる。

氏は仏教の本質を「無常感」でとらえようとしている。宗派にもよるが、私は、鳥獣虫ケラにいたるまでの生命の尊重「慈悲心」にあると理解している。「仏」という言葉の用法を考えただけでそうである。よし「無常感」であれ「慈悲心」であれ、関大尉の最後の言動や大西の遺書(巻頭にある)の中に、それらしい言葉や思考の一片もないではないか。私は疑うどころか否定する、せざるをえない。それに、キリスト教の欧米と仏教の日本という対比自体が成り立ちはしない。日本は無神論までをふくめての多宗教国なのである。宗教と死生観を言うなら、仏教よりは戦中に大声をあげた国家神道をあげる方がまだマシであろう。それ以上に「天皇のための死こそ最高の美徳」とした天皇教を見のがすべきではなかろう。多くの人命がそのために死に追いやられた実績がある。証人にも不足はしない。

奥宮氏の原因論を見るときに、当の特攻を発動した海軍上層部の責任をあげていないことに注目したい。一・四では特攻隊員は自発的だと言い、二では「指導層」の中にまぎれこませ、三では「乙事件」に全くふれない捕虜談議、五では仏教にまで特攻の片棒をかつがせ、結論的には日本人の「国民性」の中に原因を(したがって責任も)解消させる。徹底した海軍上層部免責論であり、責任回避論である。全篇を通読すれば、それが特攻正当化論である以上に、旧海軍讃美論であることに気づかざるをえない。海軍兵学校教育から説き起し(その教育の立派だった証拠に「校歌」をあげているが、世に立派でない「校歌」というものがあるだろうか)、海兵出身者は人格・識見・技倆すべてにすぐれていた、という大前提に立っている。だから、海軍軍人のまちがいや非違は、忽然として消えてしまうのである。

この海兵出身者独善論は、一方では予科練出身者（下士官）・予備学生出身、特務士官などへの蔑視と差別になって多くの悲劇を生んだ。が、本書では、後からホメちぎることですりぬけようとしている。

以上の他にも多々問題点はありすぎるが、いまは措き、奥宮氏を典型とする「軍人精神」を検討してみたい。

軍人のウソ

ここに「軍人」というのは、軍籍にあった者すべてのことではない。職業軍人、それも陸軍士官学校・海軍兵学校出身の、兵科将校（士官）を指す。出世のエスカレーターに乗ったエリートたちである（陸軍の場合には、士官学校の前に幼年学校があり、後に陸軍大学があり、この三校を経た者が嫡流とされた。それが、どれほどの特権意識を育てたかは、高木俊朗著『戦死』(3)の花谷正を見てほしい。海軍大学は、陸大ほどの嫡流たる条件ではなかったらしい。海大を経ぬ将官も相当数にいたから）。

学閥意識というものは、日本の社会の各面にあったが、陸士・海兵は日本に一つずつしかなく、唯我独尊であった。かれらのエリート意識は、他の主計・医務・技術などや、傍系（たとえば予備士官・下士官兵より昇進した特務士官）の軍人に対する蔑視・軽視となった。下士官兵などはものの数ではない。そして、それぞれに陸軍・海軍の実権を独占し、ハリあった。

一般社会から見れば軍隊自体が巨大な閉鎖社会であったが、陸軍・海軍がそれぞれに、その中での閉鎖集団の独占制御下にあった。

純粋培養にちかい閉鎖集団として、かれらには、集団内では縦の論理そのままのなれあい（先輩後輩の関係に端的に出る）を許容する。成員にとってはある程度のホンネが出せるヌクヌクとした関係である。集団外に対しては、タテマエをふりかざし、体面の貫徹をはかる。エリートといえども、非違・失策がないではない。内部では対立や批判がないわけはない。が、イメージの低下につながるようなことは、個人的な非違でも失策でも、内部処理し、外部に対してはかくす。自分たちの先輩または後輩に、そんな奴がいるわけはないということにする。かれらが特権的閉鎖集団であるうちは、それが可能であった。そして、それが軍人の第二の天性ともなった。独善意識である。

第一期海軍予備学生の蝦名賢造氏は言う(4)。

海軍では、ただ兵学校出身者のみが人間としての価値と発言の場をもち、その権威をふりかざしていた。軍令承行令によって、海軍兵学校出身が優先的に指揮統率権を持（つのは）必要なことではあったが……それ以外の面にわたっても、すべての階層の上に君臨し……予備将校の存在など、人の数に、ものの数にも入らない。兵隊出身の錬達熟練の特務士官を、言語・服装等において差別し、常に軽蔑……していた。彼らの話題の多くは予備将校の無能力とだらしなさ、特務士官のいやしさであった。……兵学校出身者は、海軍社会こそこの世の中でもっともすぐれた社会であると信じきっていた。海軍以外のこの世を、彼らは裟婆と呼び、軽蔑していた。

特権意識はまず人事に表出する。第一期予備学生の山田栄三氏もその独善人事について証言する(5)。

第一期予備学生の、とくに陸戦、対空関係は、半数以上が敵と激突するところに赴任している。……こうしたところに、兵学校出身の有能だと自負する若い士官が、一人も配置されていないのはどういうわけだろうか。最前線の陸戦隊で、ただ一人も、兵学校出身の小隊長をみたことがない。……海軍が予備学生に期待したことは……消耗品以外の何ものでもない。……それは彼らの罪ではない。海軍当局の兵力温存の方針に、単に兵学校出身者の温存に、ふりむけられていたに過ぎない。

志願で海軍に行った第一期予備学生の体験と感想である。のちの特攻の主体となった飛行予備学生一三期・一四期に、このような差別意識と独善人事が、より増幅しておこなわれたことは、私の接しえた資料だけからも、否定すべくもない。特攻を美化する人ほど、このような差別と独善の実在を否定したがる。

敗戦でかれらがしがみついていた軍は消滅した。それを守ることがほとんど社会的実利を失っても、その意識だけは強烈に残った。権力を失った意識共同体になり下ったのである。

多くの戦記・回顧で、かれらも反省し、批判する。が、先輩に対しては声低く、不徹底にである。すでに軍という利害共同体はないのにそうするのは、かれらが批判対象の個々人への愛情とか、尊敬のためであるよりも、陸軍または海軍のイメージ防衛のためなのである。度を超えた反省や批判は、内部告発であり裏切りにひとしい。反省が軍の恥部に及んだ元中将遠藤三郎氏は、旧軍人仲間からは村八分にされ、二・二六事件を研究公表した藤原彰氏は同期生から総スカンをくわされた。

時には外部にまで手を出す。吉田満氏の『戦艦大和の最後』は戦後の戦記物のハシリとなったが、かれらは、その中の、高級参謀がオタオタする描写を、カットさせようとしたが、軍人でない（予備学生）吉田氏は拒否した。阿川弘之氏の『山本五十六』は、日本では新しい伝記の型をひらいたものであったが、これも圧力の結果絶版とされ、『新版山本五十六』となり、山本五十六像はより家庭的にと変身させられた。

このような横車をにがにがしく思った旧軍人もいたのだろうと思う。が、横車族に対して忠告とか非難したとかの話は聞いたことがない(6)。

軍人こそ戦争の（特攻の）生証人だとして、証言の正確さを主張することは、ままあることであるが、彼らは、特攻を出した側に立っている。公害企業の無反省なモーレツ高級社員が、退職後にせよ、被害者側に必要な証言をするであろうか。軍人たちの面子意識やノスタルジアを、歴史の真実に優先させることは拒否しなければならない。

私の視点

生田・奥宮氏をはじめとする特攻礼賛派のあげている諸例や説明が、すべて誇張でウソだとは思わない。が、そのほとんどは、特攻を出した側に立っている。奥宮氏などは「特攻を強制させた日本人」と第三部を題している。問題は、切り捨てられた部分の大きさである。「特攻を強制された人びと」である。その強制のされ方であり、その心事である。美文調の公式記録や礼賛論にはけっして見られぬが、存在したことを疑えぬ多くの暗くかなしい記録がある。下士官（予科練）・特務士官、そして予備学生など、特攻員の圧倒的部分を占めた人たちの残した記録である。「位階も低く、視野も狭い」が、ウソをつく必要のない人たちであり、とくに特攻隊員の心情については、それらに頼るほかない人たちである。正常心を軍人よりははるかに保持した報道班員や一般市民の回顧や告白もある。顔をそむけずに直視するならば、特攻の全体像が、ただ鑽仰すればよいものから、考えねばならぬものに変らざるをえぬほどの比重で、それらは存在する。鑽仰すべき諸例をいくら追加されようと、私がふれえた暗くかなしい諸例への、納得ゆく説明（「公式に確認できぬ」などは説明にはならない）がないかぎり、礼賛の主張はうつろでしかない。

そして、そのうつろさをかみしめるとき、当然にも、もうひとつの疑問に直面せざるをえない。それは、なぜ、それを讃美し正当化するのか？　暗くかなしい実態を知っているにちがいない人びとが、なぜ、その部分を歴史の記録から切り捨てようとしてきたのか？　である。

私は以下の順序で論をすすめる。

一、体当りの技術的解明。体当りは技術的にどのような難点をもっていたか？　その角度から見た経過は？

二、体当り特攻の戦果と犠牲の検討。それは「有効で」あったか？

三、一、二をふんまえての、体当り志願制への反証。問題は、体当りした特攻隊員よりも、体当りさせた者にあること。そして、その人たちの戦後における自己正当化の事例。

四、特攻隊を出したような天皇制軍隊とはなんであったかの検討。

五、そして、章は設けないが、全篇にわたっていかに軍人がウソをつくかの指摘をしたい。特攻問題だけでなく、軍事史研究にとって不可欠のことである。

第一章註

(1) ビジネス社、昭和五十二年

(2) 朝日ソノラマ、昭和五十七年

(3) 朝日新聞社、昭和四十二年

(4) 蝦名賢造『海軍予備学生』図書出版社、昭和五十二年

(5) 「海軍予備学生――その生活と死闘の記録」鱒書房

(6) 私の軍人への疑惑は根強いが、面子意識に無縁な人ももちろんいる。村上兵衛氏とか妹尾作太男氏は代表的であろう。「地獄からの使者、辻政信」は面子意識があれば書けぬものであるし、『桜と剣――わが三代のグルメット』(光人社、昭和五十一年)は、その理由を理解させてくれた。妹尾氏(海兵七四期)は精力的に海外の戦記類を翻訳されているが、訳業と同時に、その「訳者あとがき」が見事で、海軍の体面よりは真実を直視しようとしている。共に資料的価値も高い。本稿でも各所で使用させていただいた。その他にも、客観的であり、公平であり、すくなくともそうであろうと努めている旧軍人はいる。海軍関係では、実松譲、池田清、千早正隆の諸氏がすぐ思い浮べられる。が、このような人にかぎって、特攻問題には、まった

く、あるいはほとんどふれていない。わずかな言葉から特攻の否定者であることは分るが、その理由とか状況とかの説明は絶無である（それぞれに、面子意識が優先するならば書くはずのないことまで書いておられるのであるから、特攻についての記述のなさは、愚行のひたかくしからでないことは明らかである）。したがって、残念ながらこのような人びとの判断や主張を、本書では使用？できなかった。

第二章　体当りの技術

「体当り特攻」の戦術効果の大小は、なによりもまず「体当り命中」が可能か否かにかかっている。「命中」が技術的にどのような困難をもったかを、旧日本軍が実際に使用した四つの体当り専用兵器について検討してみよう。

(1)　「神風」が代表する飛行機
(2)　飛行ロケット爆弾「桜花」別称「神雷」または(大)（マルダイ）
(3)　人間魚雷「回天」
(4)　水上艇「震洋」または㋹（マルレ）

その目標はすべて水上の敵艦船であった。

1　「神風（しんぷう）」が代表する飛行機

体当りのトップをきり、敗戦までの約一〇カ月間の体当りの主力であった。一九四四年十月下旬のフィリピン・レイテ方面での体当り特攻の開始は、海軍一航艦（第一航空艦隊の略。「艦隊」とはいうが基地航空隊）の戦闘機隊であった。機種は現地で応急に改造した爆装ゼロ戦がフィリピン期の大半を占め、以後は新旧の単発機から双発機の総出動となる。陸軍は実施は海軍に約一カ月おくれるが、前もって体当り専用に改造されていた双発の九九式軽爆と重爆「飛竜」を最初に使用し、以後、新旧の各機種が登場する。携行または固着爆弾は、陸海軍とも二五〇キロが標準であったが、双発機の場合は五〇〇キロまたは八〇〇キロが多い。八〇〇キロを二個固着したものもある。逆に、単発低性能機では一〇〇キロ一個というものまで出る。弾種は海軍用の艦船攻撃用徹甲弾（陸軍使用の人馬殺傷用に比して、弾体硬度が高く厚肉で、遅発信管である）を主とした(1)。

艦船への攻撃で効果が大きいのは、吃水線下を破壊することであるが、これは主として魚雷の役目であり、上空からの体当りでは望めない。吃水線や低い舷側をねらうには高度の技術が要る。むずかしすぎる。まず上甲板しかねらえない。その場合、爆弾は艦船内部で炸裂させたい。効果的だからである。その装甲甲板への爆弾の貫徹度は、爆弾の落下速度（撃速）と撃角による。撃速は投下高度にほぼ比例する。アメリカ戦艦の甲板を貫徹するには、八〇〇キロ徹甲爆弾で三〇〇〇メートルが限度と言われた(2)。それより低い投下高度では貫徹しないのである。ところが、飛行機の降下速度には限度がある。爆弾よりずっと大きな機体に、空気揚力を得るための翼をつけた飛行機は、爆弾単独の落下速度・撃速・貫徹度にはけっして及ばない。簡単な物理法則である。急降下爆撃というのは、命中率を高める方法であって、貫徹度のためではない。撃角は直角にちかいほど有効であり、三〇度以下では、貫徹どころか炸裂しないこともある。これは突入技術の問題でもある。

飛行機による体当りは、最有効な水線下はねらえず、舷側も至難のこと、艦船上甲板部にしか突入できず、命中しても貫徹度――破壊力は低く、むしろ投弾した方が破壊力は大きいのである。

また、貫徹・爆発したとしても、爆弾の破壊力は、大型軍艦（巡洋艦以上）に対しては、一機一艦というほどのものではない(3)。

激突する機体の破壊効果は言うに足りない。軽金属が鋼鉄に当るのである。それよりも飛行機搭載の燃料（ガソリン）が撃突時に飛散・発火、他に引火して被害を大きくすることはあった。特攻機がなるべく燃料を多くもって出撃したのは、この副次効果をねらってのことでもあった。

以上から、体当りの有効性は、命中率の高さにしか期待できぬことが理解されよう。その唯一のメリットの命中は容易なことなのであろうか？　否である。爆弾を投下命中させるには高度の技術・訓練が必要であることは言うまでもないが、飛行機自体を操縦して目標に命中することも、心理的条件を別にしても、相当高度の技術が不可欠なのである。

「目標を見ながら、それにブチ当るのだから、技術的には容易」と思うのは、なによりも飛行機操縦の困難さを知らぬ考えである。自動車でなにかの目標にブッかるのとは根本的にちがう。大体、平面上で生きている人間には、三次元空間の運動機能は本来的にないのである。生まれながらの飛行機操縦の達人などというものはこの世にない。訓練だけが操縦士を生みだせる。名操縦士と言われる人びとのどのような回顧を読んでみても、かれらが「天成の鳥人」ではなく、すさまじいまでの訓練に耐えぬいて、はじめて「鳥人」になっていったことが知られる。

その養成たるや、自動車や船舶とは比較にならぬ訓練量を要する。スピードは速いし、危険時に空中では停止できない。事故は文字どおり致命的である。なんとか離陸と着陸が可能なまでで、数十時間の訓練を要する。三〇〇飛行時間程度まででは「飛べる」というだけで、特殊飛行や戦闘・空中戦など問題にもならない。操縦歴一〜二年では、人間でいえばヨチヨチ歩きの段階といってよい。

上表は、陸軍戦闘機エースの田形竹尾『飛燕対グラマン』の「戦闘機操縦者戦力一覧表」(4)の必要部分である。

戦闘機操縦者戦力一覧表

操縦年数	飛行時間	区分	戦闘能力
10 8 5	5,000 3,500 2,000	甲 大 中 小	指揮官・僚機として戦闘力を発揮した
4 3 2	1,500 1,000 600	乙 大 中 小	僚機として作戦任務につける
1 1 1	300 200 100	丙 大 中 小	作戦任務につけない
備考	特攻隊は乙の小から丙の大を主力として編成された		

海軍航空隊でも大差あるまい。母艦機乗員ならば、発着艦訓練から洋上航法までが加わるから、より訓練はきびしいであろう。とにかく、飛行機をつくるより、搭乗員を養成することの方がどれほど困難かが一目で分る。同時に、飛行時間三〇〇時間ぐらいまでは、実戦の役にも立たぬことも分る。昭和十九年には、飛行時間二〇〇時間で実戦に投入された例もあるし、特攻隊には二〇〇時間以下の者さえあった。これでは、静止目標への急降下命中さえあやしい。急降下

に移る位置・高度が適確でなければならないし、風向・風力を考えなければ目標への直進はできない。無風としても、急降下して加速された飛行機は機首が浮く。角度が深すぎれば操縦者の体が浮く。舵の効率は低下しているし、操縦桿は極度に重くなっている。微妙な修正などできるものではない。特攻機の多くが目標をオーバーしたのは、機首が浮いたためであろう。

昭和五十一年三月、ロッキード汚職事件に憤慨した一青年が、東京の調布飛行場から軽飛行機で飛びたち、ほどちかい玉川等々力の児玉誉士夫邸に突入した。当人は旧陸軍特攻隊の服装であったというから、まさに「体当り」を期したのである。当日は晴れて風速二メートルほどの弱風。児玉邸に見事命中、当人以外の死傷はなかったが、児玉邸の隣家はビックリしただけですんだ。当人の飛行時間は二〇〇時間ほど。飛行機のことを知る人は「よく命中した」と、その技術には感心したものである。反撃も妨害もない平和時・快晴・爆弾ももたぬ安定のよい低速の軽飛行機による完全静止目標への体当りについての評言である。ただ体当りするだけでもどれほど困難なものか知られよう。

戦場本番の条件はこんなものではない。基地に対する敵の航空攻撃の合間を見はからって、爆装した特攻機は飛びたつ。その軽量のゆえに速度と操縦性を誇ったゼロ戦は、二五〇キロ爆弾の重みにその双者を失っている。離陸滑走距離はグンと増える。それでも離陸できればよい。エンジンの出力不足で離陸時に失速、自爆した例もある。やっと浮上したら、敵艦船の上空にたどりつかねばならない。敵戦闘機にみつかれば、格闘戦はできない。身軽な敵と、米俵を背負って斬りあうようなものである。九九艦爆が二五〇キロ爆弾を積むと、巡航速度約二三〇キロメートル／時、グラマンF6Fが最高速度五九四キロメートル／時。直掩（ちょくえん）戦闘機は少数である。敵艦船は戦闘機群に守られている。レーダー波をさけて、特攻機は海面上五〜一〇メートルの超低空で敵に迫るか、または敵戦闘機の迎撃上昇に時間がかかりそうな六〇〇〇メートル以上の高度をとる。敵戦闘機群との空中戦は直掩機がひきうけてくれたとしても、目標までの航法も、目標を発見できずに帰投するときの航法も、特攻機自身に要求される。雲も雨も風もある。ひとり歩きがやっとの未熟な操縦士にできることではない。だから特攻機はある程度の熟練者を長とする編隊を組まねばならなかった。長機が失われたり、長機とはぐれたりすれば、他は無為にして消滅することもあったし、大体が、編隊を組めるまでには相当の練度が要るのである。多くの特攻機は、目標上空到達以前に、または目標も発見できずに、敵戦闘機の餌食となったし、またむなしく海上に消滅した。

敵艦船を視認すると、超低高度攻撃の場合には、敵砲火の集中をそらすために編隊を解いて分散し、海面スレスレから急上昇する。超低高度の突進は、海面上への弾幕の水柱でハタき落される。高高度攻撃の場合も、分散突撃隊形をとる。敵からは見えにくく、自分からは敵がよく見える方向がのぞましい。太陽を背にした攻撃方向は最高である。ついで目標への突進可能な位置につかねばならない。この占位運動は、目標艦船の船首尾線上の艦尾側でないとまずい。艦船は縦に細長いので、横からの攻撃はわずかの高度差でも命中しない。前進方向からの突入は合成速度になってしまって命中率は低い。同行の、艦尾方向からの命中率が最も高い。が、目標は動いているのである。飛行機にくらべたら遅々たる速度ではあっても、秒速一五メートル前後で旋回回避運動中なのである(5)。

逆スコールのような敵の弾幕がふりかかる中を、特攻機はほとんど直線にちかく突進する。アメリカ艦艇が多く用いた「ボフォースM5」四〇ミリ機関砲は、発射速度一秒間に四・七発。特攻機の突入速度を秒速一五三メートル弱とすると、ゼロ戦の機長は九・一二メートルなので、待受け弾幕射撃ならば、M5四挺で、ゼロ戦のどこかに一発は当る計算となる。駆逐艦程度で二〇挺はもっていた。しかも触発信管（目標に命中すれば炸裂）ではなく近接信管（ドプラー効果を利用し、当らなくとも、目標に最も接近した瞬間に炸裂する。マリアナ海戦以降米艦艇で大量に使用した）である。多くの特攻機が命中寸前に撃墜される。

撃突は直角にちかいのが物理的に有効であるが、降下角が深すぎると飛行機は腹を出して操舵困難となり、命中率が低下する。浅すぎると敵がねらいやすく、被撃墜率が高くなり、撃突時の貫徹度も低くなる。高々度攻撃の場合、高度二〇〇〇～一〇〇〇メートルまで緩降下し、最後の突入角を五五～四五度でおこなうのが有効とされた。占位や降下角が不適当だったならば、それだけで命中はおぼつかない。

高度二〇〇〇メートルから降下角四五度で突入すると、秒速一六五メートルとして海面まで約一七秒（五五度なら一五秒弱）、その間に目標艦船は時速三〇ノットとして約二五〇メートル移動する。特攻機は敵艦船の未来位置へ突入しなければならない。だから、自分の高度・速度と目標の速度が、この降下角を決定する。この計算は、艦船と特攻機が同航で、艦首尾線と飛行機の軸線が一致しているものとして、そして、艦船が直進するものとしての計算である。体当りが最も容易な相対運動としての計算である。目標の艦船種、その全長と速力（艦尾波で推測する）が把握できなければ、同時に風向・風速を加算できなければ、海面への突入となる。カケ出しの操縦者にできることではない。海上移動目標攻撃の訓練のなかった陸軍の体当り機が、つとめて低速の輸送船をねらったのは技術的にも当然であるが、艦船種の区別も困難で、海軍側よりも低効率であったことも当然であった。しかも、目標は直線運動などしてくれるはずがないのである。撃墜されなくとも、この高度・速力、舵効ではやりなおしはできない。海面につっこむだけである。

首尾よく命中したのに、爆弾が炸裂しないこともままあった。特攻員が起爆装置をオンにしなかったミスもあるらしいが、突入角度が浅すぎた場合も推測される。心理的要因とも言えるが、練度不足とも言えよう。

以上から、飛行機による体当り成功の条件が、心理的要因を一応除外しても、練度の高い乗員と、高性能の飛行機であることはあきらかであろう。

公刊戦史と見られる「戦史叢書」の『海軍航空概史』の「特攻隊」でも(6)、航空特攻の総括として次のように言っている。

ついに特攻は常用手段となり、艦船に対する昼間攻撃の主力となり、特攻専用兵器の開発を急ぎ、この戦法に徹することとなってしまった。その原因は、攻撃戦力の養成が間に合わず、特攻攻撃は比較的練度の低い者でも効果を挙げ得るとみられたからである。しかし特攻攻撃は相当の技量を有する搭乗員と、相当程度性能のよい飛行機がなければ、攻撃効果は期待できなかった

……連合軍が対応策を採ってからは、零戦と言えど搭乗員の技量不十分では、ほとんど戦果をあげられなくなった。（傍点小沢）

本叢書の特色で執筆者名は分らぬが、海軍が「比較的練度の低い者」にも期待したことを認めている。奥宮氏が陸軍の「特攻作戦への無理解」を嗤うことはできない。海軍もこれほどに無理解だったのである。

経　過

以上の角度から特攻隊の実際の推移を、若干の問題点とともにたどってみよう。

昭和十九年十月十七日、敵米軍はフィリピンのレイテ島に進攻、上陸を開始した。大本営は十八日に「捷一号作戦」の発動を下令した。フィリピン決戦である。連合艦隊も艦隊決戦をおこなうことになった。

その十七日に寺岡謹平と交替、着任した一航艦長官大西滝治郎は、二十日に「艦隊決戦を有利とするため、敵空母甲板を一週間は使用不能にするのを目的として」二〇一空戦闘機隊に体当り隊の選出を命じた。「神風特別攻撃隊」の出現である(7)。

当時の二〇一空の搭乗員のほとんどが甲飛一〇期生で、昭和十九年二月に実戦配置され、マリアナ、ヤップ、パラオなどで負けいくさながら実戦の場をふんだ生き残りで、戦闘機隊で士気も高く、手なれたゼロ戦五二型に二五〇キロ爆弾をとりつけた。米軍にとって新戦法であったし、セブ基地などを飛び立つとレイテの山々がレーダー波をさえぎり、その奇襲性を助長した。

十月二十五日の関隊は、五機の体当りで、「空母一に二機命中撃沈確実、空母一に一機命中大火災、巡洋艦一に一機命中轟沈」と認定・公表した。戦後判明したところでは、特設空母三隻に四機命中、軽巡に一機命中、特設空母セント・ローは自艦の魚雷・爆弾・燃料に引火爆発・沈没（日本側の推定公表戦果が実際を下廻ったためずらしい例である）。命中率八〇％（事実は一〇〇％）の大成功で、まさにエビで鯛がつれたのである。このときまでには、そのためにこそ特攻体当りが必要とされた水上艦艇のレイテ湾なぐりこみは惨憺たる敗北におわり、日本連合艦隊は潰滅していた。大西の主張の根源は消滅していたのである。

が、沈んだのが装甲もロクにない特設空母ということは分らず、沈没原因が誘爆だったことも分らず、大西は体当り攻撃をおしすすめた。それまで体当りに反対だった二航艦（司令長官福留繁）をねじふせるようにして、二十六日に一航艦と二航艦を統一編成し、「基地連合航空艦隊」と改称、福留を長官に、自分は参謀長となって、体当り特攻を強行した。海軍の航空戦術は大西によって体当りにのめりこんだのである。柳の下にドジョウがいないのが戦争の常識であるのに。

陸軍の航空特攻は最初から不幸がまつわりついた。まず、フィリピンの四航軍司令官富永恭次の能力と人柄が低すぎた。東条首相の次官をつとめた歩兵科出身の富永は、演説や壮行会は好きだが、航空にはズブの素人で、画に描いたような精神主義で功名心が強い人物であった。分秒を争う航空作戦ほどに合理的でなければならぬものも少ないが、意気で物理法則を変えられるかと思っている人物で、要するに航空作戦には最不適者の一人であった。

このような人物が決戦場の航空軍司令官になったのは、東条内閣退陣後、東条派の富永の処遇に悩んだすえ、反東条派の杉山元らが「体よく」追い出したためだという。中央の政治屋的軍人らにとっては名人事だったのであろうが、決戦場の部下将兵にとっては迷惑以上の結果となる。

まず不幸は十一月五日に起る。富永が万朶隊の将校全員五名を壮行会に呼びよせた。前進基地リパからマニラに飛んだ九九双軽はグラマン二機に急襲され墜落、全員が戦死した。富永の趣味が貴重な熟練者をムダ死させたといってよい。

七日に富嶽隊五機が出撃したが、悪天候で敵が見えず、三機が帰投。一機が不時着、一機は行方不明。無線機を積んでいれば起らなかった犠牲である。

十二日、下士官だけの万朶隊四機がレイテに突入した。実は二機突入で、一機は離陸後ひきかえし、一機は投弾後ミンダナオの基地に無事着陸した。有名な佐々木友次伍長である。十三日の大本営発表は、この陸軍最初の体当り攻撃を四名の氏名入りで公表した。が最初の「特攻戦死」の佐々木伍長が生きていたこと、敗戦後まで生きぬいたことを記憶しておこう。陸軍航空特攻は最初から公表とくいちがっているのである。

以後富嶽隊をはじめ、陸軍の体当りもつづく。が、ハダカ（護衛戦闘機の掩護なし）で大型爆弾をかかえた鈍重な大型機は敵戦闘機のカモにされた。武装をはずされた搭乗員は、木製の機銃を黒く塗って後部風防からつき出してみたり、石灰を紙袋に入れて窓から投げたりした。一瞬パッと散って敵をおどろかし、攻撃がかわせるかと思ったと言う（安藤元軍曹の談話）。武器なき戦士のかなしい知恵とでも言おうか。また、無線機がなく、眼は見えず、耳は聞えず、口はきけず、洋上航法には馴れぬ。敵と接触しないのに戻らぬ特攻機が続出した。

それでも富永は体当りを熱望し強行した。景気のよいことが好きなのである。出撃を見送るときには、滑走路で日本刀を抜いてふりまわして激励した。滑稽で邪魔な司令官である。航空戦が分らぬから、鈍足の百式重爆全九機の白昼ハダカ強襲までやらせ、夜間襲撃のベテランぞろいの小川戦隊は消滅する。小川飛行団長は痛憤を『所感録』に残した。「百式重爆ヲモツテ艦船攻撃ヲ行エバ、ソノ行動ハ牛ノゴトク、全滅ノホカナシ、無知識ノ猪突」と(8)。

体当り要員について、海軍と陸軍では差が見られる。海軍は関大尉を出して以後、海兵出身者を虎の子として温存する傾向が強く、予備学生・予科練出が大半を占めた。陸軍は最初から陸軍航空士官学校や陸士出身者をフルに投入する。最初に虎の子中の虎の子、岩本少佐や西尾少佐を指名したのである。航空作戦への理解度の低さからのことであろう。虎の子の消耗度は陸軍が圧倒的に高い。

かくて、初期には高かった命中度も戦果も逓減し、なけなしの飛行機と貴重な搭乗員は失われ、戦局は敗退の一途をたどった。が、フィリピンにおける日本空軍の惨敗、人員機材消耗の一九四五年初頭において、日本軍の空軍の使用法は、特攻体当りを主とする方向に決していた。彼我の条件の差の拡大に対応するどころか、逆方向に直進したのが旧日本軍上層部であった。

すなわち、一九四五年三月末の沖縄戦開始期には、米軍の特攻対策は格段に強化されていた。泊地や艦隊の前方二段がまえのレーダー＝ピケ、それをフルに活用する艦載戦闘機群の傘、統計数学で解析された艦船の回避運動の励行、艦船防空火力の飛躍的な増強、戦略爆撃機と艦載機による特攻基地への航空攻撃、等々。ニミッツはこの時点で誇る、「着々と神風対策を改善しつつあった米軍は、神風特攻の脅威を自信をもってはね返すところまで達していた」(9)。

これに対して日本側は、いまは体当りだけが唯一の航空戦術と思いこんだかのように、練度の低い搭乗員を、実戦不適のオンボロ機までかき集め、爆装しては送り出す。当時の高性能機、海軍なら彗星艦爆、陸軍なら四式戦ならばまだよい。ゲタばきの水偵・観測機・機上作業練習機「白菊」(10)、はては羽布ばりの中級練習機、陸軍はノモンハン戦期の遺物の九七戦までが、重い爆弾をかかえて舞いあがったとて、沖縄上空までの到達さえあやしい。が、沖縄まで飛べそうなものは片端から投入された。沖縄だけで、各種ゲタばき水偵七五機、白菊一〇七機、中練一七機が投入された。九七戦は当時は練習戦闘機で、出力も低く、故障が多かった。昭和二十年五月十一日の第六五振武隊の出撃は、八機のうち五機が出動できず、三機だけ。陸航士五七期の桂少尉は、ボロ飛行機で出撃する無念さを最後の言葉として残した。整備の手伝いの女学生たちは「これで体当りか！」と泣いた(11)。そして、オンボロ機では二五〇キロ爆弾など運べるものではなく、一〇〇キロ弾で出撃したものもある。これでは命中しても打撃は弱い。特攻専用兵器は退歩さえしているのである。

搭乗員は、速成の飛行時間三〇〇～五〇〇時間程度の者が長となり、僚機のひどいのは二〇〇時間程度。横山保中佐は言う、「特攻要員に選ばれたのは、隊員中でも比較的若い第一三期予備学生で、飛行時間は二〇〇～二五〇時間……第一四期予備学生の中には、練習機五～六〇時間、零戦二～三〇時間の程度しかないものもいた」(12)。はやくもフィリピン戦の後期に、猪口が台湾で予備士官たちに施した「特攻教育」は七日間の課程で、いわば離陸と体当りだけであった(13)。

沖縄戦段階では、死を避けぬ献身的な若者は多くいたとしても、体当りに成功するだけの技倆ある操縦士は底をついていたし、体当りが容易な性能の飛行機ももうなかった。初期のフィリピンでの命中率が、沖縄戦ではガタ落ちになるのは、当然以上の技術的帰結であった(数字は第三章で示す)。

特攻生みの親の大西は、はやくもこの戦果の逓減に気づいていた。発起時には「敵空母甲板を破壊、一週間は使用不能とする」という戦術効果を期待したかれが、フィリピン戦の敗色歴然たる昭和二十年一月には、「こんなにムダでは体当りは中止するべきでは?」との疑問に、「こんな機材や搭乗員(の技倆)では敵の餌食になるばかりだ、部下に死所を得させたい」「特攻隊は国が敗れるときに発する民族の精華」「白虎隊だよ」と言っている(14)。

戊辰戦争時の会津藩少年の白虎隊は、若松城落城にさいして藩と藩主(これは生きのびた)に殉じて自刃した。藩をこそ運命共同体とする封建モラルと愛情の発露であり、その献身の美しさは感動をよぶ。が、断じてその戦術効果においてではない。もし自刃を藩上層部が戦術として採用したとしたら(その場合には強制の要素がふくまれざるをえないが)感嘆は憤怒と軽蔑に変るであろう。指導者の軍事的無能と増長慢と人命無視に対して。

大西の言葉は、軍人としての唯一の使命である戦術効果を見かぎっている。若者の死にざまにだけ期待している。「死の美学」を使命たる軍事効果におきかえてしまうとは、戦う者の言葉ではなかろう。大西は、この段階で、自分がはじめた体当り戦法を、生命にかえてもやめさせるべきであった。沖縄戦期には、体当りはその戦術効果をいちじるしく低下していた。身を捧げる若者はすくなくなかったにせよ、命中を期待できる技倆の所有者は底をはらっていた。いや、わずかには残っていたのである。歴戦の猛者がいるにはいたのである。私の知る範囲でも、海軍では菅野直、坂井三郎、岩本徹三、小高登貫、杉田庄治ら、陸軍では田形竹尾など、いずれも技倆抜群の戦闘機乗りで撃墜王エースの人たちがいた。菅野、杉田をのぞく四者は戦後まで生きぬいて、それぞれに興味ふかい手記を提供してくれるのであるが、軍上層部もかれらには体当りを求めていない。むしろ志願しても禁じてさえいる。

たとえば菅野は、フィリピンで体当りが発起されたときに内地にいて、関行男にトップをとられた。勇猛なかれは残念がった。しかし「かれの空戦技術は抜群であった。その卓越した技倆のせいで、再三特攻を志望したが、特攻隊員にしてもらえなかった。かれはどうしても掩護隊並びに制空隊になくてはならぬ存在だったからである」(15)。特攻隊編成当事者の言である。

小高登貫は、セブ基地で特攻隊となり、直掩機で特攻攻撃にも参加した。が、今日か明日かと待つうちに、突然内地帰還を命ぜられる。やりきれぬ思いで内地に戻るが、もう二度と体当りを命ぜられることも、志願することもなく、谷田部の教官、松山三四三空で防空戦闘に活躍して敗戦を迎えることとなる(16)。

横山保も、特攻要員の「選考は邀撃パイロット要員を除く」と説明された(17)。

陸軍の田形だけが特攻隊員に「全員応募」した状況を述べるが(18)、上述の陸軍と海軍の相違がこのようなエース級で露骨に見られる。

練達のエースたちは体当りをどう見ていたか？　陸軍の田形だけは肯定的であるが、海軍の横山保は「かなり批判的な考えをもっていた」(19)。エース中のエース坂井三郎の空戦回顧では、特攻開始四ヵ月前の昭和十九年六月のことであるが、硫黄島をメチャメチャに叩いた敵大機動部隊に、指揮官三浦大佐が、残存一七機は「伝統ある横空の面目」のために「全機報復の体当りをせよ」と命じた。坂井は体当りの効果にも疑問をもつし、「面目」のためにという目的にも釈然としないものを感ずる(20)。

大エース岩本はハッキリと書き残した。「(体当り)戦法が全軍に伝わると、わが軍の士気は目に見えて衰えてきた……表むきは、みな、つくったような元気を装っているが、かげでは泣いている……上層部のやぶれかぶれの最後のあがきとしか思えなかった」(21)。猪口・中島や戦隊長クラスの回顧の多くは、それが直接の見聞ではあれ、あくまで「上から見た」それでしかない。「上から」は「表むき」しか見えないものなのである。とくに日本の軍隊では。技倆も常識もある「下から」は「やぶれかぶれ」としか見えないのが体当り戦法であったのである。

空戦技倆のすぐれた者ほど、体当りの(成功しても)効果の低いことを認識していたといえるであろう。戦術とは戦術目標に対応してたてられるものであり、結局は、敵への打撃と味方の損失の差のことであり、今後の差の縮小または拡大への見とおしの上に立てられねばならぬものなのである。

旧日本海軍上層部には、これらエースたちのかけがえのない貴重さが分っていた。一回の体当りでそれを失うことの意味が分っていた。だからこそ、体当りには、命中もおぼつかぬ速成の予備士官や予科練出身者が、消耗品のように投入されたのである。

ここに体当り戦法の決定的なディレンマがあった。敵への有効な打撃は、味方の虎の子の一回かぎりでの消滅とひきかえになる。未熟練者の投入は戦果の逓減とならざるをえない。どちらをとるにせよ、新しい熟練者の養成・蓄積・補充はできない。ムダ死の比率は高まるほかないのである。

飛行機での体当り戦法をつらぬく上述の技術的矛盾は、沖縄戦に入るとクッキリと表面化している。

敗けいくさの政治的外交的収拾さえも拒否した人たちが、本土決戦と一億玉砕を呼号したが、その多くが体当り戦法の呼号者であったこともほぼたしかである。陸軍のかれらは簡易特攻機「剣」までを製作した。ブリキ製・低速・低性能・不安定で、爆弾を機体に半分うめこんで固着し、離陸すると車輪を落してしまう。昭和二十年三月、試作機完成祝いの神主の祝詞(のりと)の「生きて還らざる、天かけるうつくしきうつわ」という文句に、設計者青木邦弘は「つかみかからんばかりに」怒った。「言いなおせ、生きて還らざる飛行機ではない」と(22)。が、車輪もなく、固着して投下できぬ爆弾のため胴体着陸もできぬものが、どうして生きて還れるだろうか？　神主の方が正しかったと言わざるをえない。また、爆装グライダーをカタパルトから射出して、敵艦船や戦車への体当りも用意された(23)。これらに配する乗員の技倆は、訓練不足もひどくてヨチヨチ歩きもあやしい程度。

体当り戦法は、すぐれた乗員と機材によってのみ有効であるが、簡易機材と簡易乗員にゆかざるをえないのである。もし本土決戦がおこなわれていたら、技術の無視と人命の軽視がゆきつくところ、戦果の度外視という軍人としての唯一最大の存在意義まで放棄した人びとの道づれにされるだけのことであったろう。

昭和二十年二月下旬、富高で操飛練四〇期生に特攻員が募集された。中練(中級練習機)特攻隊である。「中練ではあるし……まだ使いものになるような技術ではない……志願するのが分不相応に思え」。誰も申し出る者がなかった。先任分隊長は蒼白な顔をしてどなった。「誰もいないのか!」一人が手をあげると、それにつられて手があがりはじめ、やっと全員手があがった。分隊長は満足したであろうが(24)、少年たちは、せめてゼロ練戦(練習戦闘機)でゆきたいと思った。だから戦争末期の特攻基地では、整備員たちが「こんな子供をこんなボロ飛行機で!」と泣くのである(25)。戦果も期待できぬから泣くのである。ムダ死が分っているから泣くのである。

2 人間爆弾「桜花」(別名「人雷」または㊅(マルダイ))(26)

頭部に一五〇〇キロの火薬をつめたグライダーの尾部に小型ロケットをつけた人間爆弾と思えばよい。母機(当初は一式陸上攻撃機、のちには「銀河」も使用)の腹部に抱かれて目標上空に達し、離脱・滑空・噴射・突入する。ロケット噴射時間は九秒三個。急降下最高速度は六五〇キロメートル/

時（秒速一八〇メートル以上）、敵戦闘機の追随を許さぬ高速で、炸薬量は大きく、貫徹力も高い。命中すれば有効である。

難点は、自力飛行能力がなく、したがって滞空時間が極度にみじかいこと、沈降率が大きくて、離脱高度の三倍が到達距離の限度となること。高度三五〇〇メートルで離脱して最長約四分というが、実用時は二分程度。最大滑空距離三五〇〇〇メートルともあるが、実際には二〇〇〇〇メートルが限度であった。技術上の難易は飛行機の場合とほぼ同種であるが、体当り運動のやりなおしは絶対できぬ点が決定的である。文字どおりの一発勝負、離脱したら、脱出も、着地着水もできない。

問題は、離脱発進点（敵上空）まで母機が到達できるかどうかにあった。ただでさえ鈍足の陸攻が二トンをこえる物体を露出させて運ぶのである。敵戦闘機に見つかったら逃れようはない。爆装戦闘機のように海面スレスレにレーダー波を避けて接近することも、目標手前での急上昇ができぬから問題外である。レーダー範囲内の高度における大型・鈍足機の編隊接近では、見つからぬ方が奇蹟的である。このことは、桜花が発案されて空技廠に試作・生産が命ぜられた昭和十九年八月、空技廠長和田操が作戦当局に対し「戦闘機の掩護が充分でなければ成功の公算がすくない」と念をおしている(27)。掩護不十分で敵戦闘機につかまれば、桜花一機と乗員一名、母機一機と六〜七名が食われるだけとなってしまう。要するに、敵の制空圏内では発進点までの到達不可能の兵器であり、実施してはならぬ戦法であった。が、発案者大田特務少尉（㊅マルダイの語源）はもちろん、用兵者側が実施を熱望、生産と訓練と実戦配置がおしすすめられた。

昭和十九年九月末、戦闘機界の雄と言われた岡村基春大佐が七二一航空司令として神の池基地で「神雷隊」を結成した。まだ桜花の試作機もできていないときである。神風特攻が開始された十月下旬、桜花も試作機のテストがおこなわれた。そのときはもう「神雷隊」は編成され、訓練をしていたのである。

逓信省愛媛航空機乗員養成所から、第一四期操縦生となり、昭和十九年三月に第一五期海軍飛行科甲種予備練習生となった少年たちに、桜花特攻要員募集がおこなわれたのは、姫空では十九年九月二十五日であった。志願者は二五名中二二名(28)。この日時は重要である。海軍の特攻の最初の結成は十月二十日ということになっているからである。

訓練・実施の指揮官は雷撃の名手野中五郎少佐。かれは岡村に請われてその任に着いた。が、かれは桜花には疑問をもっていた。「この槍使い難し」と。豪放であけすけのかれが、桜花訓練中の雑談で「ああ、雷撃をやらしてもらいてえなあ」と嘆いたことを、当時の部下の湯野川守正大尉は伝えている(29)。八木田喜良大尉の追想は、

訓練(開始)以来、野中少佐は桜花特攻法に対して全く自信なく、機会あるごとに《俺はたとい国賊と罵られても桜花作戦は司令部に断念させたい……攻撃機として敵に到達することが出来ないことが明瞭な戦法を肯定することはいやだ。クソの役にも立たない自殺行為に部下を道づれにしたくない》といっていた。

と伝える(30)。「国賊」は当時最高度の否定名詞である。兄四郎を二・二六事件の叛乱軍将校「首魁」

の「国賊」とされて失った野中にとって、この言葉は一般の人以上の重さをもっていたであろう。十一月二十九日、急造の桜花五〇機を台湾の新竹基地に運ぼうとした当時世界最大の空母「信濃」は米潜によって雷撃・沈没、フィリピン戦への桜花の出番は失われた。

翌昭和二十年三月十一日にも、野中は後輩の林氏に言った。「桜花はダメだよ。昼間強襲をかければ食われるに決っている。俺は……全滅して捨石になる……だから、後は何とかして桜花の使用をやめさせてくれ」(31)。

一〇日後の三月二十一日、五航艦長官宇垣纒は、七二一航空司令岡村大佐に、九州南東洋上の敵機動部隊に対する桜花隊の出撃を命じた。桜花の初出撃である。掩護戦闘機が五五機という少数なので、岡村は中止を進言した。宇垣は言った。「この情況で使えないものなら、桜花は使い時がないよ」。決行である。全滅を予測した岡村と甲斐弘行大尉とは、こもごも総指揮官の野中にかわろうとしたが、野中は双者ともハネつけた。最後の言葉は井口大尉への「湊川だよ」であった。

桜花攻撃の陸攻一八機を掩護する戦闘機数として想定されてきたのは、直接掩護三六機、間接掩護三六機、計七二機であった(32)。それが、結局は直掩一九機、間接一一機、計わずか三〇機の戦闘機に掩護されて、一式陸攻一八機（うち桜花搭載機一六機）は鹿屋基地を発した。この最初の桜花隊は、敵艦隊との推定距離五〇〜六〇マイルの所で、グラマン戦闘機群約五〇機に捕捉された。レーダーによる待伏せである。一式陸攻は全機が桜花を捨てて避退しようと試みたが、結局は一機も戻らなかった。無戦果の全滅である。岡村・甲斐・野中らの危惧の適中である。「湊川だよ」との野中の言葉どおりなのである。坊門清忠は誰であったのか？

野中少佐を忠誠勇武の鑑とするものは多い。みずから死地に入った勇者として、特攻の一典型と讃える人は多い。が、ほとんどの人は「国賊と呼ばれても桜花攻撃には反対」と言った事実を伏せて（故意か無意識かは別として）賞讃しているのである。野中の胸の中には、敵への闘魂とともに「クソの役にも立たぬ」ことが分っていた攻撃方法の採用者への怒りがあったのである。同時に、兄を「国賊」にされた身には、ムダ死を一身にひきうけるほかないつらい事情があった。武人野中の死はかなしい。

野中の悲願は容れられなかったが、以後の桜花の使用は、昼間の編隊強襲から、黎明薄暮の単機ずつの奇襲にきりかえられた。あまりにも鈍重であったし、また、四月一日に沖縄本島に上陸した米軍は、その日のうちに嘉手納飛行場で、完全なもの四をふくむ桜花約三〇機を捕獲、調査の結果「実用価値少し」と判断している[33]。陸攻の鈍重さ――「機銃弾をよける待避運動さえ満足にできず」「赤ン坊の手をねじるように」[34]撃墜された敵側の記録は、いまも読む者の胸を痛ませる。

桜花隊の犠牲は母機までをふくめて進撃の全機にちかく、戦果はすくなかった。進撃途上で、桜花発進以前に、母機もろともに撃墜されたのである。ほとんど偶然――敵の不注意か？――に発進・突入できたのは、四月十二日以降の六例だけらしい。

結局、三月二十日から六月二十二日までの桜花使用期間に、桜花隊は約一〇回、母機九一機（うち桜花搭載七四機）が出撃し、母機七二機、桜花五六機が失われた（一九機が故障その他で桜花とともに基地に引返した）。人員犠牲は、その母機搭乗員三六五名と合せて四一一名。桜花発進後の母機の確実な帰投は、四月一日の一機だけ。損耗率は母機をふくめて一〇〇％にちかい。母機乗員までが「特攻隊員」とされたのはうなずける。戦果は、米軍側の公表では、命中六、うち駆逐艦一隻が沈没、五はいずれも撃破。

桜花特攻のほとんどが、目標到達以前に母機もろとも散華したのはたしかである。米軍は桜花を「バカ＝ボンブ」と呼んだが、その有効性の低さは、野中少佐ならずとも、空戦技術を知るほどの者には、使用前から分っていたのである。

七月上旬、七二一空の主力の桜花隊は石川県小松基地に後退、決号作戦（本土決戦）に備えた。一方では、桜花射出用の大カタパルトを比叡山山頂に備え、房総、伊豆、東海、紀伊の各地にも、約五〇基のカタパルトを予定していた(35)。高い授業料から学ぶところがなかったのは、桜花隊員ではなくて、海軍上層部の机上の秀才たちであった。

桜花発案者の特務中尉は「太田光男」か「大田正一」か二説ある。防衛庁戦史室の見解では、履歴から「大田正一」らしいという。太田光男は、昭和十九年十月十六日「台湾沖航空戦」で攻撃機隊員として戦死している。まだ桜花試作機の登場以前である。製作・テスト・運用に無関係となる。大田正一は、昭和十九年八月八日、ラバウル方面輸送機隊から航空技術廠（ここで桜花が試作された）付となり、十月一日「桜花隊」に編入。敗戦直後の昭和二十年八月十八日公務死亡となっている。マルダイのダイは「太」ではなくて「大」であろう。当時の鷲津久一郎技術大尉（桜花設計担当、のち東大工学部教授）は、終戦後のある年、大田正一の訪問をうけてビックリした。帰りぎわに雨がふりだしたので、当時は貴重品の雨傘を貸したところ、そのまま音信がたえたと言う。「公務死亡」は当人または関係当局の作為だったのであろう(36)(37)。

3 「回天」——人間魚雷(38)

この水中体当り兵器の出現の状況は、現場の、下からの要求が「上層部を」説得した点に特色がある。

敗色も濃い昭和十八年秋、甲標的訓練中の黒木博司（海機五一期）、仁科関夫（海兵七一期）は九三式酸素魚雷を改装した人間魚雷の製作、採用を上申した。その前には、潜水艦乗組の竹間忠三大尉が人間魚雷を意見書で上申しているし、昭和十八年暮には、おなじく潜水艦乗組の近江中尉も願書を血書で提出した。みな現場の潜水艦関係の若者であった。

昭和十九年二月中旬、トラック基地と艦船が敵機動部隊に徹底的にたたきつぶされた。若者たちのおさえ役だった海軍中央も、水中体当り兵器の採用にふみきり、三月に呉工廠魚雷実験部に試作命令が出た。黒木大尉、仁科中尉は用兵者として協力し、七月末に最初の二基が完成、テスト走行に成功した。「回天」の誕生である。

九三式魚雷は純粋酸素の使用に成功したので、列国の同種魚雷にくらべてはるかに高速、遠達、無航跡で、炸薬量も大きかった。生産を遅らせぬためにその本体部を転用・改造したので、炸薬一・六トン、三〇ノットで二三キロメートル、一二ノットなら七〇キロメートルも走れた。最高速力は五〇ノット、最大航続時間約五六分。レーダーは海中ではきかぬから奇襲が可能で、命中するのは敵艦船の水線下舷側。爆発の瞬間には固体同様のはたらきをする水中での破壊効果は炸薬量と深度に比例するから、破壊効果絶大である。必殺兵器の異名にふさわしい。

が、運用に難点があった。なんといっても航走距離と時間が限られている。発進点までは母潜が無事でなければならぬ。そこまでは潜水艦の仕事である。ここに桜花と母機の関係が水中でおこなわれる。搭載は一母潜に最大で六基、最低は二基。泊地攻撃なら、空海の厳重な監視の中を敵泊地に接近する。空海の対潜監視網をくぐるのは至難のことであった。また、回天（九三式魚雷）の外殻はうすく、水深八〇メートルを超えると母潜甲板上の回天は水圧で圧壊し、使用不能となる。だから母潜は、爆雷攻撃を受けても八〇メートルよりも潜航したくない。当然にも被害は増大する。ウルシーやパラオ泊地への回天攻撃隊は、回天発進以前に母潜ごと撃沈されてしまったものが多い。潜水艦が寄りつけるようななまやさしい状況ではないのに、回天を使用しようとしたことに無理があった。とにかく、発進までは母潜の性能と主に艦長の技倆にたよるほかはない。

最初の実戦使用は、ウルシーへ二隻、パラオへ一隻の計三隻の母潜が四基ずつの回天を積んで、同時奇襲をはかった。敵側に、連絡・警戒・対策の余裕を与えないやり方で、当然にも、警戒手段のある泊地攻撃とはなる。が、その決行予定前日の昭和十九年十一月十九日に、パラオに向かったイ三七潜は敵哨戒機によって撃沈された。二十日未明、ウルシーへの二母潜は攻撃をしたが、発進できたのは、イ四七潜の四基全部とイ三六潜の四基中一基の計五基。当日ウルシーには空母群がウヨウヨしていたので、爆発音から母潜では「大艦四を撃沈」と判定した。戦後の確認では二万トン級油槽船一隻撃沈だけ。この戦果の確認不能ということは水中兵器回天の決定的な短所であったが、それが逆に推定戦果の過大視となり、回天作戦に期待することとなる。敵側は回天の存在など知らないから、潜水艦の魚雷攻撃、または、撤退時に日本側が環礁内に沈置しておいた潜水艦の魚雷攻撃かと思い、対潜防禦を強化した。そして、それでよかった。母潜をたたけば回天も消滅するのである。

この最初の攻撃に、回天攻撃の欠陥が集中的に示されている。

(1) 成否最大の要因は母潜にかかっていたこと。敵の対策はマグレ当りながら正しかったこと。

(2) 回天の故障率の高さ。当時の日本の資材・技術の低さもあろうし、それに加えて、浮上が危険な潜水艦はもぐりっぱなしで、甲板上の回天も傷んだであろうし、それを浮上して修理もできなかったのである。回天搭乗員横田寛は手記『あゝ回天特別攻撃隊』(39)で凄壮な体験を提供してくれたが、故障して発進できぬ回天の数は意外に多かった。当の横田も、三度出撃して結局はそのたびに発進できず、ついに生き残ることとなるのであるが。技術に対する信頼感が体当りをして有効な戦法たらしめるのである。

(3) 戦果確認の手段がないこと。潜望鏡観測は母潜自体を危険にさらすから、結局は音響による推測以外にない。自爆装置はあったが、それを使えば戦果判定は一層困難になろう。

回天作戦第二回の金剛隊も泊地同時攻撃、母潜六隻、搭載回天二四中二三が発進、戦果不明なるも撃沈一八隻と推定した。戦後の米軍公表ではゼロ！　喪失母潜一隻。

第三回の硫黄島沖、第四回の沖縄水域への出撃は、泊地攻撃というより局地攻撃と言った方が適切らしいが、敵側の警戒体制は鉄壁のごとく、母潜延べ九隻、搭載回天延べ四二基が出撃、発進点に達した母潜はゼロ、発進回天もゼロ、戦果もゼロ、母潜四隻と搭載回天二〇基を喪失という高被害・無戦果に終った。潜水艦が寄りつけなければ、回天は使いようがないのである。

現地部隊の要望によって回天の洋上攻撃が許されたのは昭和二十年四月。海空の対潜対策を集中しきれぬ移動艦船への攻撃は、通常魚雷の使用もできる。母潜側は大いによろこんだ。回天乗員も張りきった。

しかし、回天の洋上攻撃の技術上の困難はかえって増大したのである。敵艦船を発見すると、母潜甲板上の回天乗員は、母潜艦長の潜望鏡観測による諸データ（敵種、方位、速度、距離、自艦との相対関係）を電話で教えられてから発進する。発進時の最大の不幸は冷走と気筩（きとう）破裂である。エンジンがかからぬのであるから、これでおしまいとなる。発進した回天は水面直下まで緩上昇して、約一・二メートルの潜望鏡（特眼鏡と呼んだ）で目標を観測する。艦長からのデータを自分の目で修正するのであるが、その観測が一つでもまちがっていれば命中できないのである。しかもその観測のさい、水面上に基体を出してはならない。隠密浮上、隠密潜航を絶対条件とする。浮上角度が急ならばイルカ運動となって敵に発見されてしまう。特眼鏡による観測も数秒をこえてはならない。横田は「瞬時」

と言っている。エンジン停止でしずかに浮上すればよいと思うかもしれぬが、回天は一度停止すると冷走の危険度が高い。停止どころか、一二ノット以下には減速できない。一二ノットで波を切る特眼鏡は発見されやすい。瞬時に観測し、敵速・距離・方位を測り、回天の方位と速度を決定しなければならない。外洋の波のある水面直下での以上の操作がどれほど困難かは、想像に絶しよう。

敵の未来位置にむかって突進がはじまる。「乗員が目標を視認しつつ高速突進するのだから命中は確実」などと思うのは大まちがい。敵を見るのは突進前の数秒で、それも視野の狭い特眼鏡を通してなのである。飛行機の風防や自動車の窓のような広いものではない。その特眼鏡に片目をおしつけていられるものでもない。一瞬の視認後はメクラなのである。目標によって最有力な深度（普通四メートル）を保ち、水面上への露出は絶対にさける。

潜望鏡深度を保って敵を視認しつつ高速突進すればよいと思うかもしれないが、波のあるのが普通の外洋で、一・二メートルの深度保持ができるであろうか。約一五メートルの基体が五〇ノットで波を切ってみよ、中央部からつきでた一・二メートルの特眼鏡は波に洗われっぱなしであろう。ほとんどなにも見えぬ。それに目をおしつけていられるものではない。それ以上に、かならず基体を敵の目にさらすことになる。敵艦船の数十百挺の機関銃砲の集束弾の一発でも当れば回天は無力化する。水深一メートル程度までは、機銃弾でも破壊力をもつ。敵の回避運動も容易となる。突進する回天はメクラでなければならないし、また、メクラたらざるをえないのである。

だから敵に気づかれてはいけない。敵は針路や速力を急激に変えることによって、メクラの回天を容易にハズすことができるからである。要するに、洋上にあって、回天は奇襲攻撃においてのみ有効なのであって、強襲兵器たりえぬのである。

最高五〇ノットの水中突進物は、上下左右の操舵に敏感に反応する。そのくせ、魚雷の転用・改造であるから、構造上舵(かじ)がスクリューの前にあるので舵効率が悪く、旋回半径が大きくなって急旋回ができない。魚雷用動力に速度変化は不要であるから、一二ノット以下への減速・停止も逆進もできない。

瞬時の観測技術の的確さとともに、隠密潜航と緻密、的確な操縦技術のどれひとつが欠けても、命中はできない。燃料が尽きたら、むなしく海底に沈むだけである。脱出装置は、改造や製作による時間のロスを怖れた発案者たちによって拒否され、最初からない。

訓練は静水にちかい瀬戸内海の大津島と光基地でおこなわれたが、機器と燃料の欠乏に反比例する乗員の過剰から、なんとしても十分にはできない。昭和十九年十二月に、光基地の回天搭乗員二五〇名に対して、一日の可能な訓練基数は一二基程度。その半数ほどは次回出撃要員の連合訓練にとられてしまう。「いつになったら訓練させてもらえるのか！」が回天要員の悩みであった(40)。それでも、体当り要員への志願度・自発性・士気は、回天要員が最も高かった。その効果を確信できたからであろう。しかし、実戦可能なトップクラスは容易に育たない。やっとの出動は、日本に残りすくない潜水艦に、多くても六基。その母潜への敵の対策は強化の一路。出動回天のすべてが発進・命中していたとしても、大勢にかかわる効率ではもうなかった。洋上攻撃に回天がやや戦果をあげだした昭和二十年七月段階で、日本海軍に残った回天母潜として実戦に使える航洋潜水艦はわずか三隻。練習用・輸送用・空母潜が二～三隻ずつであった。洋上回天作戦も閉店間際であった。

本土決戦にさいしては、回天を、海岸の横穴などからレールで水中に発進させる計画で、各地に配置された。が、当時のアメリカ軍の上陸前の航空攻撃や艦砲射撃が、回天や発進設備を何パーセント生き残らせたことか？

また、技倆をみがく余裕もロクになかった若者たちが、どれだけの敵を道づれにできたことか？

4 水上艇「震洋」（別名㊃〔マルヨン〕、陸軍では㋹〔マルレ〕）(41)

艇首部に爆薬二五〇kg（一トンとするものもあるが、自重から見て、二五〇kgであろう）をもった体当り用モーターボート。数型あり、指揮艇は二人、他は一人乗り。鋼鉄製もあったが、多くは木製。全自重一・四～二・四トン。全長約六メートル。六七馬力（五型は一三四馬力）の自動車用エンジンをつけ、速力二六ノット。海軍（震洋）は終戦までに六二〇〇余隻、陸軍（マルレ）は約一〇〇〇隻をつくった（小橋良夫「兵器図鑑」池田書店、昭五〇、による）。資材・工程、とくにエンジンなどから、航空機や潜水艇（回天）に比して、生産は容易であった。

震洋（海軍）とマルレ（陸軍）の要目・性能はおおむね同じようであるが、編成・所属・用法には差が見られる。震洋は文字通りの体当りで、震洋隊はそれだけで完全な独立部隊をなしたが、マルレは、艇尾両舷に爆雷二個をもち、敵艦船舷側すれすれに投下する。用法の差の理由は、私には判らない。マルレは、それだけで部隊編成せず、陸上部隊（海岸防禦隊）の一隊になったらしい。すべてのマルレがそうであったかは不明であるが。陸軍がマルレ乗員を特攻扱い（二階級昇進）にしなかったらしい理由は、その用法や編成からと考えられる。陸軍にとっては不慣れな水上兵器だったらしく、ルソン島東部ラモン湾区に配されたマルレ隊は、湿度や部品の欠除などから、速力七ノットにまで低下した例もある。このマルレ隊は、本来の敵艦船攻撃の機を失い、小規模の逆上陸に使用されて消滅してしまっている。

建造数・配備数・用法などのすべてからして、震洋隊こそが水上特攻の主力であった。以下は、野崎慶三氏の一文（「オールネービイ」四五号）に主として依拠して、震洋隊について。

編成は、回天隊と同時期の昭和十九年三月。神風特別攻撃隊（海軍航空特攻）の半歳以上も前で、八月初め、陸海軍間で、水上特攻艇採用が、大海幕機密第六一一号、大陸指第二一二五号として指示され、陸海軍間の協定も成立した(42)。各隊長には魚雷艇関係の熟練士官を配し、隊員には、一般兵科の下士官兵、予科練の甲・乙、特乙の出身で固められ、ほとんどが「掌特攻術」(43)のマーク持ちであった。最精鋭である。最初から特攻扱いが約された。存在自体が最高の機密とされ、海軍部内でもごく少数の者しか知らず、戦後もそれがつづき、海軍大臣を勤めた及川古志郎も最近になって（昭和五七年か?）知ったという。戦史叢書（朝雲新聞社）にも記載がない。

極度の機密性は、その用法と関連していよう。基地は島嶼か海岸。乗員一名では航続距離に限度があり、太洋航行中の敵艦船ではなく、泊地か上陸作業中の敵艦船が主目標となる。艇の爆薬以外は無武装、無防備。隠密性はなく、裸で短刀をもって敵陣に入る感がある。小火器が有効な阻止力となるし、碇泊地では材木を流して突進を阻むであろう。その場合には、一隻が妨材に体当りして進路をひらく訓練もされた。啓開と言った。とにかく、敵に対応策を樹てさせないことが第一であった。実戦例の二回とも夜間襲撃であったことは、その用法の一端を示している。

レイテ戦には間にあわず、リンガエン湾で、昭和二十年初頭に初登場する（この時の隻数については不明。また陸軍のマルレも参加したらしいが、その隻数、陸海の比率なども不分明）。米軍側は体当り艇の配備は知らなかったらしいが、上陸準備の艦砲射撃と航空攻撃で多くの艇が破壊され、その乗員は陸戦に転ずる。無事だった約七〇隻（陸海の数不明）が、夜暗に発進突入、航空攻撃などと併せて、戦車揚陸艇など八隻を撃沈破した。出撃者全員未帰還で、報告はなかった。もしあったとしても、機密保持のため、航空特攻などのようには、公表されなかったにちがいない。が、敵側は気づいたと思われる。翌朝、泳いでいた日本兵を射殺している（ウォーナー夫妻「神風」上巻による）。敵は、昨晩の襲撃が、飛行機や魚雷によるものではないことに気づいたらしい。

沖縄上陸にさいしては、まず震洋基地を航空攻撃で叩きに叩いた。慶良間諸島の震洋基地と震洋艇はマークされたらしく、潰滅的な打撃をこうむった。その乗員の多くは、ここでも陸戦に転じた。無事残った震洋で、夜、敵艦船群に突入した市川艇（二人搭乗）は駆逐艦一隻を撃沈または撃破した。震洋艇最大の困難が、その存在を敵が知ってからは、接敵と同時に、敵の航空攻撃と艦砲射撃による発進前の被害にあることが分る。

本土決戦に備えて約六二〇〇隻（陸海の合計）が、九州・四国・本州の南岸各地に、日本海軍最後の水上部隊として待機したが、終戦となった。機密度の高さは依然としてつづき、特攻扱いであることを軍の上部でさえ知らぬ者がほとんどで、高塚篤氏が、「市川艇の二人は特攻扱い（二階級昇進）になっていない」(44)と嘆かれたケースも、関係者らの努力によって、最近ようやく結着を見たとのことである。

5　技術の総括

体当り攻撃の技術的利点として、特攻兵器は通常兵器にくらべて資材・工程が少量・安価・短期・量産容易という生産面とともに、要員の訓練が攻撃だけで（発進と体当りだけで）すむという考え方がある。本番が片道燃料ですむという非産油国の論もある。

しかし、本番では帰投は不要だろうと、訓練で帰投しないわけにはいかない。本番でも敵を発見できなければ、ムダ死になってしまう。体当り用だからといって帰投の装置や技術を無視するならば、体当り訓練さえできるはずがない。桜花などは着地訓練の方が体当りよりも難しかったという(45)。簡易特攻機「剣」にいたっては、本番同様の訓練もできないし、したがって戦果も期待できない。

また「体当り訓練」というが、本番同様の訓練ができたのは、目標の艦底通過が確認できる回天だけであって、他の三兵器の「体当り訓練」は「目標廻避訓練」にほかならない。そして本番の成功者の戦訓を当人から聞くことだけは絶対にないのであるから、兵器とその用法は、推測の上でしか改良できない。敵側の対抗策強化への対応がおくれるということになる。

体当り兵器の用兵上の特徴は、それが奇襲に成功すれば有効であった点にあろう。が、奇襲兵器を少量ずつ小出しに使用するならば、奇襲ではなく強襲となる。対抗策の増強は目に見えているし、強襲はある程度以上の量がなければ問題にならない。

通常兵器による正規戦闘が、兵器の質量と乗員の練度低下で不可能となったから奇襲体当り戦法がとられたのに、それを通常戦術化し、強襲を常用する。しかもその兵器の強襲兵器としての性能にさえロクな進歩も改良もなく(飛行機では退歩さえしている)、乗員の練度も低下の一路をたどったのであるから、体当り要員のムダ死の比率を高めざるをえない袋小路の戦法であった。体当りの発起者大西滝治郎みずからが、特攻戦術の採用を「統率の邪道」と言いきったが、それは「軍事技術の邪道」でもあった。

第二章註

(1) 元鉾田爆撃隊長福島尚道氏は筆者に直接教示された。「陸軍航空隊では、最後まで艦船用爆弾は開発できなかった。陸軍特攻隊の艦船攻撃には、ほとんど海軍用のものを使った。このことだけでも、陸軍で特攻隊を出したのはまちがいでした」(昭和五十三年九月聞書)。

沖縄戦期になると、徹甲爆弾不足のためか、陸用の瞬発爆弾も対艦船用に用いられた。これは上部に撃突したとたんに爆発するので、上甲板の、とくに人員への打撃が大きかった。陸軍特攻だけのことかもしれないが、どうせ撃沈できぬなら、ケガの功名というべきか。デニス＝ウォーナー・ペギー＝ウォーナー共著『神風』下巻（時事通信社、昭和五十七年）に例が多い。注(3)をも参照のこと。

(2)　福留繁「史観真珠湾攻撃」（自由アジア社、昭和三十年）。また横井俊幸「海軍最後の抗戦」（『実録太平洋戦争』第七巻、中央公論社、昭和三十五年所収）で言う。「昭和一四年……茨城県鹿島爆撃実験場に米空母サラトガの一部実物模型を作って、爆撃実験したとき、二五〇キロ爆弾の急降下爆撃で、少なくとも高度六〇〇メートル以上で投下しなければ、飛行甲板の穿徹に必要な撃速が得られないという結果が出ていた。特攻攻撃では飛行機の翼の抵抗で、遙かに少ない撃速しか得られないのだから……正規空母の場合は……致命傷にはならないというのが常識であった」。

(3)　「空母の甲板を一週間は使用不可能」という戦術目標は、最大限目標に近かった。昭和十七年四月五日、インド洋で英重巡コンウォールとドーセットシャーを機動部隊の艦上爆撃機が撃沈したが、二五〇キロを前者には三一発、後者には一五発命中させている。命中率は八八％、完全制空圏下の急降下爆撃のもの凄さを示すとともに、重巡ともなれば、二五〇キロ爆弾の数発で沈むことはまずない。もっともこの場合は、二隻しか目標が見当らず、過剰に集中した例ではあるが（小瀬本国雄『艦爆一代』今日の話題社、昭和五十七年）。これを知るならば、特攻のスローガン「一機一艦」がいかに無理かが分るし、有効な命中は前機の命中個所とされたのも分る。が、それこそ至難の技術であり、練達の操縦者にのみ期待できることである。

(4)　田形竹尾『飛燕対グラマン』今日の話題社、昭和四十八年

(5)　昭和十九年十一月一日、特攻攻撃を受けた米駆逐艦「アンメン」艦長J・B・マックリーン大佐の報告。「日本機のパイロットたちは、相対運動を勘定に入れていなかったように見受けられる。そして、彼らは自殺的体当たりの練習をやるわけにはいかないので、彼らは今後も、攻撃目標の後方にはずれつづけるものと

考えられる。この傾向はわれわれにとって有利な点であり、この有利性は速力を利用することによって高められる」(デニス＝ウォーナー・ペギー＝ウォーナー共著、妹尾作太男訳『神風』上巻、時事通信社、昭和五十七年)。

(6) 朝雲出版社、昭和五十一年、四四六頁

(7) 最初の特攻隊については、編成・実施・発表のすべての面で問題があるが、第四章で詳論する。

(8) 高木俊朗『陸軍特別攻撃隊』上下、KK文芸春秋、昭和四十九・五十年

(9) ニミッツ・ポッター共著、実松他訳『ニミッツの太平洋海戦史』(恒文社、昭和三十七年)
また、諜報能力の差も考えなければならない。「基地の上空で、特攻機隊を編成し、コントロールするために、日本軍は無線電話をじゃんじゃん使用した。日本軍のパイロットや航空管制係にしか理解できない、暗号にも等しい日本語の略語通信はグワムとマリアナで傍受された。通信解析係、語学士官、暗号解読係が互に協力して、この通信から、死活を左右する重要な情報を引き出すことができた……(別の)無線諜報から、来襲する特攻隊の機数と到着時刻を時機を失せずにスプルアンスに通知することができたので、彼は艦艇、航空機に警報を発し、特攻機を迎撃するのにもっとも好都合のように、艦艇・航空機を配備することができた」(W・J・ホルムズ『太平洋暗号戦史』ダイヤモンド社、昭和五十五年)。

(10) 「白菊」特攻の悲惨さについては、高塚篤『予科練特攻秘話』原書房、昭和五十五年、にもある。たとえば、「まさか白菊が、と皆思う程、安定性は良いが、スピードは遅いし機敏性に欠けていた。『沖縄に行くまでに、みんなおとされるさ』、古い搭乗員程、陰でぼやいた」(一二八頁)。宇垣纒『戦藻録』日本出版共同社、昭和二十八年、後篇では、「敵は八十五ノット～九〇ノットの日本機、駆逐艦を追うと電話す。(宇垣の)幕僚の中には、駆逐艦が八・九〇ノットの日本機を追いかけたりと笑うものあり。特攻隊も機材次第に欠乏し練習機を充当せざるべからざるに至る。……敵戦闘機に会して一たまりもなき情なきことなり。

……数はあれどもこれに大なる期待はかけがたし」。その悲惨さと同時に、それを面白がっている幕僚が描かれている。なぜ笑えるのだろうか。

(11)　高木俊朗『特攻基地知覧』朝日新聞社、昭和四十年
(12)　横山保『ああ零戦一代』光人社、昭和四十四年
(13)　猪口力平・中島正共著『神風特別攻撃隊』日本出版共同ＫＫ、昭和二十六年
(14)　故大西滝治郎海軍中将伝記刊行会編刊『大西滝治郎』昭和三十二年
(15)　猪口・中島『神風特別攻撃隊』九六頁
(16)　小高登貫『あゝ青春零戦隊』光人社、昭和四十四年
(17)　横山保『ああ零戦一代』
(18)　田形竹尾『飛燕対グラマン』
(19)　横山保『ああ零戦一代』
(20)　坂井三郎『坂井三郎空戦記録』出版共同社、昭和三十一年
(21)　岩本徹三『零戦撃墜王』今日の話題社、昭和四十七年
(22)　山田誠『最後の特攻機「剣」』大陸書房、昭和四十九年
(23)　高塚篤『予科練特攻秘話』原書房、昭和五十五年
(24)　高塚篤『予科練甲十三期生』原書房、昭和四十七年
(25)　同右
(26)　桜花については、三木忠直・細川八朗共著『神雷特別攻撃隊』(山王書房、昭和四十三年)、木俣滋郎『桜花特別攻撃隊』(経済往来社、昭和四十五年)、内藤初穂『桜花』(図書出版社、昭和五十五年) などを参照した。

(27) 内藤初穂『海軍技術戦記』図書出版社、昭和五十一年
(28) 平木国夫『くれないの翼』泰流社、昭和五十四年
(29) 巌谷二三男『中攻』出版共同社、昭和三十三年
(30) 同右
(31) 内藤初穂『桜花』
(32) 同右
(33) 木俣滋郎『桜花特別攻撃隊』
(34) 同右
(35) 高塚篤『予科練特攻秘話』
(36) 内藤初穂『海軍技術戦記』
(37) 内藤初穂『桜花』では、八月十八日に零式練戦を単独操縦して鹿島灘方向に消えてしまったとある。
(38) 回天については、横田寛『あゝ回天特別攻撃隊』(光人社、昭和四十三年)、鳥巣建之助『人間魚雷、回天と若人たち』(新潮社、昭和三十五年)、津村敏行『回天と日本海軍』(『太平洋戦争ドキュメンタリー』第二一巻、今日の話題社、昭和四十五年所収)、橋本以行『伊号五八帰投せり』(鱒書房、昭和三十年)などを参照した。
(39) 横田寛、光人社、昭和四十三年
(40) 同右
(41) 震洋・㋹艇については、西村友憲『マルレ敗れたり』(『太平洋戦争ドキュメンタリー』第六巻、今日の話題社、昭和四十三年)、益田善雄『還らざる特攻艇』(鱒書房、昭和三十一年)などを参照した。
(42) ウォーナー前出書

(43)「掌特技術」ではないかと思うが、野崎氏の文に従った。

(44) 高塚篤『予科練甲十三期生』

(45) 内藤初穂氏は次のように語っている（『桜花』文芸春秋、昭和五十七年）。「桜花の着地訓練は文字どおり命がけで、搭乗員の訓練は一回かぎりで、それで練度A級とされた。末期には、実機訓練なしで、いきなり本番というものも多い。着地がむつかしすぎるので、命中訓練もできなかった、ということである」。また現場の証言もある。「桜花の練習は、一回こっきりで、あとは零戦で模擬訓練をした。火薬ロケットや練習機など機材の都合からであった」（平木国夫『くれないの翼』）、「零式練戦での訓練が習熟したと見なされた者は、桜花練習機による一式陸攻からの投下訓練が行われた。……一回きりで、訓練というよりもテスト（であった）、投下されてから着陸まで約二分……本物の桜花にのっておしまいにした方がよっぽどましだ、という気持になるのだった。投下訓練の事故による殉職者は後をたたなかった」（高塚篤『予科練特攻秘話』）。

第三章　犠牲と戦果

1　使用資料について

体当り特攻戦法の問題点のひとつは、それが戦術として有効であったか否かである。戦法の有効性の高低は、敵側の戦術目標に対する効果、すなわち敵の補給線の遮断(とくに回天)、艦隊制空権の奪回、上陸の阻止、上陸軍の撃滅や撃退による進攻企図の破砕などから評価されねばならぬものであろうが、とくに体当り戦法の場合には、それらの評価と一応別に、使用特攻機器と人員の、敵に与えた損害（味方からは戦果）という数値にも表現される。一言で言えば、命中率にせよ撃沈破効率にせよ、使用特攻機器を分母とし、敵側損害を分子とする百分率が、有効性の高低を一応は示すであろう。

回天と震洋についての数字は、戦後になって比較的に確度が高く入手できる。しかしこれとても、以下の不確定要素がある。

(1)　出撃数について——回天のはほぼ確実に把握できるが、震洋のはアイマイモコとしている。

第１表　特攻四兵器の犠牲と戦果の概要

	特攻出撃機数（直掩機を含む）	突入・喪失機数	戦死	日本側推定戦果			敵側公表損害		
				撃沈	沈または破	撃破	沈没	破損延	計
飛行機	4523〜4827	2467〜2822	3724以上	81		195	47	309	356
				または 83	43	120			
	（うち桜花74	56			7		1	5	6）
	母機91	72							
回天	母潜 32	8隻	約900名						
	回天 147基	49	80基80名		45（空母を含む）		3（駆・油・輪）		3
震洋	フィリピンに約1500隻（うち500は途上海没）配備　出撃数不明				？		3（小艇）	6（小艇）	9
	沖縄に約800隻配備　出撃数不明			1	？		1	1（駆）	2
							Ⓟ 8	15	23

結局、震洋のは、配備数（それも概数）ということになる。

(2)　戦果については——両者とも、戦後の敵側の公表から確実におさえられるようであるが、その場合『アメリカ海軍作戦年誌』にせよ『キング報告』にせよ、海軍艦船の被害にふれるばかりで陸軍関係輸送船の被害についてはノーコメントである。

回天特攻員横田寛は「アメリカでも自軍の被害については日本の大本営式の発表」をしていたのではないか？　と疑義をもらしている。横田の戦記を読むとその感がないでもない。昭和二十年四月二十七日、四基の回天が船団に突入し、四つの爆発音が確認されたのに、アメリカ側のその日の被害は輸送船一隻。『年誌』で確認されているのだから、海軍の船団だったのである。それとも陸海軍混成の船団だったのか？　あるいは、発進回天のすべてが（発進後は一切の連絡がとれ

第2表　回天作戦一覧表

隊名	母潜	出撃基地	出撃年月日	搭載回天数	発進回天数	発進年月日	発進作戦水域	推定戦果	実戦果	母潜喪失	備考
菊水隊	イ 36	大津島	19.11. 8	4	1	19.11.20	ウルシー北東より	不明	0		
	イ 37	〃	〃	4	0		パラオ＝コッソル水道	0		19.11.19沈	
	イ 47	〃	〃	4	4	19.11.20	ウルシー南西より	大艦 4	油1		
金剛隊	イ 56	〃	19.12.21	4	0		アドミラリティ	0	0		回天攻撃を断念
	イ 47	〃	12.25	4	4	20. 1.12	ホーランディア	計 18	0		
	イ 36	〃	12.30	4	4	1.11	ウルシー		0		
	イ 53	〃	〃	4	3	1.12	パラオ		0		
	イ 58	〃	〃	4	4	1.12	グワム		0		
	イ 48	〃	20. 1. 9	4	(4)	(1.20)	ウルシー		0	20. 1.23沈	回天使用後と推定
千早隊	イ 368	〃	2.20	5	0		硫黄島沖	0	0	2.26沈	
	イ 370	光	〃	5	0		〃	0	0	2.20沈	
	イ 44	大津島	2.22	4	0		〃	0	0		突入できず帰投
神武隊	イ 58	光	3. 1	4	0		〃	0	0		突入中止令で帰投
	イ 36	大津島	3. 2	4	0		〃	0	0		〃
多々良隊	イ 47	光	3.29	6	0		沖縄泊地	0	0		爆雷攻撃で損傷
	イ 56	大津島	3.31	6	0		〃	0	0	4.18沈	
	イ 58	光	〃	4	0		〃	0	0		
	イ 44	大津島	4. 3	4	0		〃	0	0	4.29沈	
天武隊	イ 47	光	4.30	6	4	5. 2	沖縄―ウルシー	巡1駆3	0		洋上攻撃、以下同じ
	イ 36	〃	4.22	6	4	4.27	沖縄―サイパン	船4	船1		
振武隊	イ 367	大津島	5. 5	5	2	5.15	〃	船2	0		
轟隊	イ 361	光	5.23	5	0		沖縄―マリアナ	0	0	消息を断つ	
	イ 363	〃	5.28	5	0		〃	0	0		回天攻撃の機なく帰投
	イ 36	大津島	6. 4	6	3	6.30	マリアナ東方	駆1	0		
	イ 165	光	6.15	2	0			0	0	6.27沈	
多聞隊	イ 53	大津島	7.14	5	4	7.24	沖縄―レイテ	艦船4	駆1		駆逐艦アンダーヒル
	イ 58	平生	7.18	6	2	7.28	沖縄―パラオ	油1駆1	0		7.29 インディアナポリスを魚雷で撃沈
					2	8.10	〃	船1駆1	0		
					1	8.12	〃	水上母1	0		
	イ 47	光	7.19	6	0		〃	0	0		敵と遭遇せず
	イ 367	大津島	〃	5	0		〃	0	0		〃
	イ 366	光	8. 1	5	3	8.11	〃	船3	0		
	イ 363	〃	8. 8	5	0		〃	0	0		日本海へ回航中終戦
神州隊	イ 159	平生	8.16	2	0			0	0		
計(延)	32			147	49			45	3*	8	

*実戦果には、アメリカ陸軍輸送船をふくまない

毎日新聞社『人間魚雷』、真継書、横田書、小橋書等から合成

ぬので)、手近の、攻撃しやすい大物に期せずして突進してしまったのか?

右のような留保をふくめて作成したのが、第1、2表である。震洋・㋹の戦果はPウォーナーで急速に増大している。陸軍関係船艇が多かったためであろう。推定戦果と実戦果の差の大きさにおどろく。実戦果に留保のプラスアルファを加えても、味方の犠牲を上回るとはとても思えない。

桜花をふくむ航空特攻については、回天・震洋と同種の不確定要素がつきまとうだけでなく、諸数値のバラツキが、資料により、引用者により、大きな差を示す。体当り特攻の主力をなし、犠牲と戦果も圧倒的である航空特攻については、使用資料とともに算定方法を提示しておこう。

頻出する引用資料をその都度示すことは煩瑣になるので、主要なものをここに掲げておく。アルファベットは、略記号として、本文と諸表のために付した。

A　猪口力平・中島正共著『神風特別攻撃隊』日本出版協同KK、昭和二十六年。とくに付録「神風特別攻撃隊戦闘経過一覧表」「神風特別攻撃隊戦没者名簿」。猪口は昭和十九年八月に第一航空艦隊先任参謀、大佐。中島は同時期二〇一空飛行長。ともに神風特攻発起時の直接関係者。海軍の神風特攻の最初の総括的な回顧。なお本書は昭和四十八年ごろ(?)新版が出たが、私の使用したのは二十六年版。

B　富永謙吾「解説・神風特攻の発達と成果」(白井勝己編『証言記録—作戦の真相』所収、サンケイ新聞出版局、昭和五十年)。とくに二五三頁の「神風特攻戦果一覧表」。富永は終戦時大本営海軍参謀、中佐、のち戦史研究家。

C　新名丈夫『太平洋戦争』新人物往来社、昭和四十六年。新名は戦中は毎日新聞記者。のち軍事評論家。

D　服部卓四郎編『大東亜戦争全史』全四巻のうち第四巻。鱒書房、昭和二十八年。服部は終戦時大本営陸軍部参謀、大佐。のち自衛隊設立の中心人物の一人。本書は他社の版もあるが改訂はない。旧軍隊・防衛庁関係の半公式的見解とみてよい。

E　「現代史資料」第三九巻『太平洋戦争5』みすず書房、昭和五十年。付録の諸統計表。編集責任者は富永謙吾、Bと同一人物。

F　吉田俊雄「神風特攻隊の戦果」(『特集文芸春秋―日本陸海軍の総決算』昭和三十年十二月号所収)。吉田は終戦時大本営海軍部参謀、のち海上自衛隊、会社勤務をへて著述業。

G　安延多計夫『南溟の果てに―神風特別攻撃隊かく戦えり』自由アジア社、昭和三十五年。本文中の諸数値と、とくに付録の別表1「神風特別攻撃隊戦果一覧表」。安延は元台南航空隊先任参謀、のち議員秘書。本書は『ああ神風特攻隊』(光人社、昭和五十二年)として新版が出た。旧版と新版との数値のちがいは新版をとるが、旧版にしかない数値は旧版を使用した。

H　生田惇『陸軍航空特別攻撃隊史』ビジネス社、昭和五十二年。とくに巻末の付録「特攻隊編成および運用状況」と「隊別・特攻戦没者名簿」。生田は終戦時陸軍大尉、現防衛庁戦史部勤務。

I　秋本実「零戦隊の実力と戦歴」(『丸』三二二号所収、昭和四十八年)。航空評論家、軍隊歴はないらしい。

J　寺岡謹平「特攻機はなぜ生まれ、なぜ実施されたか」（『丸』一九四号所収、昭和三十八年）。寺岡は海軍中将・一航艦長官で大西滝治郎の前任者、ついで三航艦長官として特攻隊の組織・実施の最高責任者の一人。

K　岩下泉蔵「きみよ別れをいうなかれ」（『太平洋戦争ドキュメンタリー』第一巻所収、今日の話題社、昭和四十二年）。岩下は昭和二十年初頭に戦闘三〇一飛行隊海軍大尉、硫黄島戦特攻に参加。

L　United States Naval Chronology, World War 2. Washington ; 1955. アメリカ海軍省による公的記録で〈戦果〉確認・集計の基礎資料。訳本は、史料調査会訳『第二次大戦米国海軍作戦年誌』協同出版社、昭和三十一年。ただし、訳本にある「付表」は原著にはない。訳者富永謙吾たちの、日本測資料を加えた作成。したがって、訳書付表第七の「戦果表」は、Lを使用はしているが、L著者たちによる集計ではなく、Eとすっかり同値である。以下、L年誌という場合は、Lを私が集計したものを言い、訳本の付表第七は、E富永としてあつかう。

M　U.S. Navy at War 1941～1945. Official Reports by Fleet Admiral Ernst J. King. いわゆる『キング元帥報告書』。訳本はあるらしいが、私は未見。アメリカ艦船の被害（日本側からは戦果）の部分を使用。本書は戦後はやく出されたので、Lと数値がちがう場合には、Lを重視した。

N　ニミッツ・ポッター共著、実松他訳『ニミッツの太平洋海戦史』恒文社、昭和三十七年。いわば敵将の報告書。

O　高木俊朗『特攻基地知覧』角川文庫。高木は戦中は陸軍報道班員、戦後は戦史著述家。

P　デニス＝ウォーナー・ペギー＝ウォーナー共著、妹尾作太男訳『神風』上下、時事通信社、昭和五十七年。D・ウォーナーは戦中オーストラリアの新聞特派員として従軍、特攻攻撃の被体験者。

Q　防衛庁防衛研修所戦史室著『戦史叢書・比島捷号陸軍航空作戦』朝雲新聞社、昭和四十六年。著者個人名は不明。旧軍人は確実。

R　同右『沖縄方面海軍作戦』昭和四十三年

S　同右『海軍航空概史』昭和五十一年

T　奥宮正武『海軍特別攻撃隊』朝日ソノラマ、昭和五十七年。著者は旧海軍軍人。のち戦史研究者。

数値のために使用したのは上記諸著のほか八篇あるが、それらは必要にさいして示すこととする。八を加えた二八のうち、アメリカ側をのぞいた日本測資料は二〇。うち一七人の著者が旧軍人や元特攻隊員で、いわば特攻礼讃派。敵側資料の訳者もほとんどがそうである。特攻に批判的なのは、非軍人の新名丈夫と高木俊朗の二氏だけ。

これらの立場や姿勢は、客観的であるべき諸数値にも反映されざるをえないであろう。

2　分母——犠牲

第3表が、航空特攻の努力と犠牲についての諸数値の一覧表であり、項目分類がおなじ第4表が、私の推計的数値である。まず、項目の内容について説明する。

＜出撃特攻機延＞とは、体当り航空機すべての出撃機数で、桜花も、その母機も、それぞれ一機にかぞえた。桜花発進後は母機も（爆装はないが）体当りをするのが普通で、母機乗員全員が特攻隊員として扱われた。問題は、出撃はしたが種々の理由で帰投した場合のかぞえ方であるが、行動の効果性の検討に、ムダ足を除外した効率とは語義の自己矛盾であろうから、出撃はすべてカウントする。直掩機についてもおなじである。

＜直掩機延＞は体当り機そのものではないが、体当り機の突入掩護と戦果確認のための、いわば体当り戦法の必要経費であった。爆装はないが時として体当りした。直掩機も「命中機数」に入るし、海軍では未帰還直掩機はすべて特攻扱いにしている。

＜突入・未帰還機＞は、体当り機と直掩機の喪失の合計である。陸軍の場合は、直掩機をふくまない体当り機だけの計である。すべて出撃機の損失であって、地上で破壊されたり、輸送途上での喪失はふくまない。逆にいえば＜出撃特攻機延＞と＜直掩機延＞は「準備機数」ではない。この＜突入・

未帰還機〉と〈戦死〉が日本側の犠牲である。G安延は、旧版で、体当り機だけの〈突入・未帰還〉をカウントしたが、新版ではその表がなくなってしまった。

〈戦死〉は出撃特攻隊員の戦死数。特攻隊員でも地上戦死や事故死はかぞえない。また、義烈空挺隊や対B29特攻などは、この表では除外した。

戦期区分は、〈比島〉が昭和十九年十月二十一日—昭和二十年一月中旬。〈台湾〉が一月二十一日。〈硫黄島〉が二月二十一日。〈沖縄〉が三月上旬—八月十五日。三月十一日のウルシー攻撃は便宜上沖縄に入れた。〈本土〉は八月九日—十三日。海軍のは沖縄にふくめた。

《海軍》はA猪口を基準とした。克明で割に具体的、「これ以下の数値ではありえぬ」であろう。第3表に以下の修正を加えたのが、第4表である。

(1) 〈比島〉の〈出撃特攻機延〉にxを、〈直掩機延〉にyを加える。すなわち、昭和十九年十月十九日深更に結成された「神風特別攻撃隊」第一陣「敷島隊」(隊長関行男大尉)は、二十一日以降連日出撃しては帰投、ついに二十五日に突入した。Aには二十五日は記載されているが、前四回の出撃帰投は書かれていない。無突入、全機帰投でも、たとえば十一月六、七、十二日などは記載・集計されているのだから、これは記載・集計もれであろう。二十五日には特攻機五、直掩機四であるが、同編成として、xは二〇、yは一六を加えた。

(2) Aでは、セブ基地からの出撃が、十月二十五日以前は二十一日と二十三日となっており、機数

の諸数値（数字の後の記号＋は「以上」，－は「以下」の略。以下全表おなじ）

軍		陸海軍計			
突入・未帰還機	戦　死	出撃特攻機延	直掩機延	突入・未帰還機	戦　死
Ⓗ 202 マタハ204	Ⓗ 251			Ⓑ 650 （台湾を含む）	
0	0	27	18	15	17
0	0	29	12	30	60
Ⓗ 879+9＋ （義烈ヌキ）	Ⓗ 929＋ （義烈ヌキ）	Ⓓ 2393＋ （4／6以降）		Ⓑ 1900	
Ⓗ 8	10				
	Ⓗ 1190			Ⓑ 2580	＊ 4615

と 集 計

202＋	251	873＋	562	540＋	647＋a
0	0	27	18	15	17
0	0	29	12	30	60
891＋	932＋	イ 2675 ロ 2975	イ 327 ロ 331 （xyヌキ）	イ 1882＋ ロ 2231＋	2968＋β
8	10				
1101＋	1193＋	イ 3604 ロ 3904 イ 4523 ロ 4827	イ 919 ロ 923	イ 2467＋ ロ 2822＋	3724＋

第3表　航空特攻の犠牲について

	海	軍			陸	
	出撃特攻機延	直掩機延	突入・未帰還機	戦　死	出撃特攻機延	直掩機延
比　島	Ⓐ 447	Ⓐ 249	Ⓐ 332	Ⓐ 390+α	Ⓓ約400	Ⓖ 295
台　湾	Ⓐ 27	18	15	17	0	
硫黄島	Ⓚ 29	12	30	Ⓐ 60	0	
沖　縄	Ⓐ1709 うち桜花 74 Ⓘ1713 Ⓒ1868(2/4〜6/22)	187 281	983 うち桜花56 1339	2026＋β (α+β=32)	Ⓓ 954 Ⓒ 1004(3/26〜6/6)	Ⓗ 50
本　土						
計	Ⓐ2183 Ⓖ2367	454	1330	2525 2535	Ⓓ約1354	

第4表　上表の修正

比　島	447+x x≧26	249+y y≧18	332+z z≧6	390＋α＋z	400+	295−
台　湾	27	18	15	17	0	
硫黄島	29	12	30	60	0	
沖　縄	イ 1709 ロ 1868 −29+62	イ 187 ロ 281+x	イ 983 ロ 1339 −30+29	2026+β	イ 954 ロ 1004+58+(x + y =約90)	50 + y
本　土					12	0
計	イ 2238+ ロ 2430+	イ 484+x ロ 578+	イ 1366 ロ 1721	2531+	イ 1336+ ロ 1474+	345+y

は合計で特攻機四、直掩機一とある。当時セブ基地の特攻要員だった小高登貫は、「第一回は二一日で、特攻機六、直掩機一で、特攻機は全機突入。その後の連日の出撃にもかかならず直掩機がついた」と回顧する(1)。「その後の」日付や機数は示されていないが、xには最低四、yには最低一を加えねばなるまい。〈突入・未帰還〉にはz最低四が加えられる。

また、L年誌では、体当り機の最初の被害として出るのが、十月二十四日の大型曳船ソノマ沈没である。Aではこの日の出撃はゼロとなっているが、セブ基地からの攻撃とみなすべきであろう、と思っていたら、P(一七四〜一七五頁)に、ソノマに体当りしたのは一式陸攻とある。当時の体当りは爆装ゼロ戦だけであるから、L年誌のまちがいである。犠牲よりも、戦果に関係がある。

結局、xは二六以上、yは一八以上、zは六以上となる。

(3) 〈台湾〉期については、A以外に数値がなく、他との比較も修正もできない。

(4) 〈硫黄島〉については、Aには戦死者六〇名はあるが、機数その他は一切記載がない。B富永が〈突入・未帰還〉三〇を示す。K岩下によると、出撃特攻機(艦攻・艦爆)二〇機、直掩一二機。直掩のうち九機は二〇機の突入後に小笠原基地に着陸、あらためて爆装して出撃、突入した。うち二機は事故墜落した。第4表の数値となろう。

(5) 〈沖縄〉は長期にわたり、機数も多く、状況も繁忙であったので、数字のバラツキが大きい。Aの数値を「これ以下ではありえぬ」としてイとする。I秋本のは〈直掩機〉が多すぎるようであるが、AもHも表に記載しなかった昭和二十年五月十一日の特攻攻撃の掩護「陸海軍の戦闘機約九〇」

（H本文二〇一頁）をカウントすると、ほぼ釣り合う。C新名の数値は高すぎるようにも見えるが、集計の対象期間を常に提示していることから、集計態度の正確さがうかがわれる。これにAによって六月二十三日以降を足し、三月十日以前を減じたのがロである。

(6)　＜戦死＞のαとβは、Aの戦没者名簿中に、昭和二十年一月六日〜七月二十五日の月日不明の戦死者が三二名あることとの表現である。

(7)　＜計＞の、イは上欄のイの計、ロはロの計である。実数値は、イ以下ではありえぬが、ロ以上であるかもしれぬ。

《陸軍》については《海軍》Aのような、各項目にわたって一応の基準とできる資料はひとつもない。戦後三二年を経て、やっとH生田がまとめられたが、遅きに失した感を免れない。詳細・克明を期してはいるが、事後三〇余年の復元の至難さ、欠落部分の大きさを思わせる。しかし、これを一応の基準とするほかない。そして、これこそ「これ以下ではありえぬ」数値である。

(1)　＜比島＞以下の＜出撃特攻機延＞はHにはなく、D服部、C新名によった。Dは表には示さなかったが、《海軍》の項などでも常に低い数値をあげているので、ここでも「約」はとって「以上」としてよかろう。それでも多分低目であろう。

＜直掩機延＞は、G安延（旧版）が示すだけ。それも編成数であるから、実施数はこれより当然すくないはずである。陸軍は直掩機を特攻扱いしなかったので、Hでも欠落するのであろう。

〈突入・未帰還機〉〈戦死〉の最低限を示してくれたのはHの功績である。がHの表では二〇二機が、本文中では二〇四機になっている。誤植か？　これらの数値が過少なこと、欠落があるらしいことは、H当人も心配しているが、私も「4評価と教訓と」でふれよう。

(2)　〈沖縄〉の〈出撃特攻機延〉では、Dは低くする常習である。Cは期間を常に明示する。Cに六月七日以降の〈突入・未帰還機〉をH本文から足したのが第4表となる。

〈直掩機延〉はH本文を累計したもの。すくなすぎる気もするが、沖縄戦期には、五月二十七日までは航空作戦は連合艦隊司令長官が陸海を統一指揮し、直掩は主に海軍機が当てられたことから見て、不自然ではない。

〈突入・未帰還機〉〈戦死〉は、義烈空挺隊関係八機一一二名をHから引いた数であり、特攻指名がないのに突入した五月四日の川口隊九機九名を加えた。

　また、沖縄三二軍参謀八原博通の回想で、三月二十六日に一五機が沖縄の中飛行場から発進・突入しているが、Hの表では、当日の突入は一二名しかない。三名を加えるべきとした。

　もと特攻隊員苗村七郎は、精力的な個人調査の結果[2]、九州六航軍の特攻戦死者は六〇三名と主張し、台湾八飛師の二三五名を加えても、八三八名とした。がHは、苗村に過多とされた高木俊朗の数値九〇二名さえも上回っている。個人の調査の至難を知るとともに、このHでさえまだ過少らしいことを感ずる。

(3)　〈本土〉の〈出撃特攻機延〉は、『丸』三二七号（昭和四十八年十一月号）所収の稲垣弘信と土井勲の手記によると、八月十三日に那須野基地だけから六機出撃し、二機が未帰還となっている。帰投四機だけは分る。他はHの表によった。

(4) ＜陸軍計＞は以上の計である。イとロも海軍におなじである。＜海軍＞に比して数値が安定度を欠くが、なかでも＜突入・未帰還機＞と＜戦死＞は、どう見ても少なすぎる。欠落部分が大きいのである。

東京の世田谷の特攻平和観音への合祀者数は、昭和五十三年四月現在で、四六一五柱。海軍側は、神風特攻二五二七、甲標的特攻二五、回天特攻八〇で（水上特攻は合祀していない）計二六三二柱。したがって、陸軍特攻は一九八三柱となる。これから義烈空挺隊関係一一二、南西方面七五、対B29特攻四六、対ソ連戦車一一、計二四四を引くと一七三九柱となる。

ところが生田書巻末の表を使うと、対艦船航空特攻はフィリピン期二五一、沖縄戦六航軍六七〇、八飛師二四〇、本土一〇で、計一一七一柱。二五〇頁の昭和二十年五月四日の川口隊九を計上しても、一一八〇柱にしかならない。五五九柱は、特攻戦死とまでは分っているのに、いつ、どこで、どのように散華したのであろうか？

これについての解釈は二つしかない。第一は、確定した突入員と突入機が実際より少なすぎるということである。氏自身も「ほかにも多く（川口隊）のような例があると思われる」と言われるが、もしそうとすれば、陸軍特攻機のほとんどは単操縦で、判明分の平均が、突入機一機について戦死一・〇七人であるから、陸軍＜突入・未帰還機＞の＜総計＞に最低五〇〇機を加えねばならぬことになる。

第二の可能性は、陸軍の合祀者中には、特攻出撃でない戦死（地上戦死とか移動中の戦死とか）をした特攻隊員（たとえば岩本益臣少佐以下五名の万朶隊将校）をふくんでいることである。もしそうなら、海軍で直掩戦果確認機で特攻扱いのエース西沢広義は輸送中に戦死したため合祀者に見当らないが、陸軍と海軍では合祀者の選定基準が異なるのか、という別の問題が派生することになろう。それを別としても、五五九柱の非突入戦死は多すぎる。

二つの原因の共存も十分にありうるから、陸軍の〈突入・未帰還〉に三〇〇機を加えて多すぎはしないであろう。

陸軍特攻関係者にやってほしいことは、慰霊や称揚であるまえに、どこで、誰が、いつ突入したのか、の確定であろう。上述の不整合をそのままにしての主張は、死者の鎮魂にも生者の説得にもなりはすまい。

《陸海軍計》については、言うことはすくない。

〈出撃特攻機延〉では、D服部がめずらしくも期間を示すが、例によって過少である。

〈突入・未帰還機〉の〈陸海計〉をあげているのはB富永だけである。このB表には『神風特攻戦果一覧表』とある。「神風」は海軍の航空特攻だけをいう名称であったから、そして元大本営海軍部参謀がそんな幼稚なまちがいをするとは信じられぬから、はじめは私も《海軍》だけの表かと思った。が、B表の最大のまちがいはこの表題であった。「神風」を体当り機一般の普通名詞と思っているア、マの人間が、富永提供の表に、題をつけたのであろう。そして、提供された数値たるや、端数はなく、左方の確度の高いものとは脈絡なく、不確実そのもの、使用に耐えない。後述の「戦果」や「評価」についても、富永は出典や史料を示したことは一例としてなく、算出方法も示さぬ数字で高飛車にものを言う。大本営参謀精神はかれにおいて健在であるらしい。

結局、たどりつくのが第4表である。イが「これ以下ではありえぬ」数値であることは以上から理解できるであろうし、一見多すぎるようなロも、総戦死者数からすれば、〈突入・未帰還機〉〈戦死〉の数値は、それぞれ三〇〇機から五五〇名は増加させなければならぬであろう。ロでも少なすぎるのである。

犠牲の内容

ウォーナーはPで、航空特攻戦死者を海軍二五二五名、うち予科練出身者一七二七名、海兵出身者一一〇名。陸軍一三八八名、うち、主力は、大学出の特別操縦見習士官と一九四三年以前に入隊の少年飛行兵（下士官）と言う（三六五頁）。公式戦記のはずのQ・R・Sも、これらの数字にはノータッチのようであるし、ハッキリした数字はつかめないが、見当は相当までつく。

妹尾氏の協力の結果であろうウォーナーの数字を基準とすれば、海軍だけであるが、海兵と予科練以外の士官戦死（予備士官と特務士官）は、六八八名となる。

白鷗会岡山支部編『岡山県出身海軍飛行隊予備学生』によれば、桜花をふくむ神風特攻の士官戦死総数七六九名中、予備学生出身者は六三八名。特務士官、準士官の数が約二〇名の増減あるのが気になるが、予備士官の戦死が、海軍航空特攻戦死全部の二五%強。士官特攻戦死の八〇%〜八三%弱（海兵出身者は、同一の割合が四%強、一%強〜一・四%強）となる。このうちの第一三期海軍飛行専修予備士官は、特攻戦死だけで四三二名。戦時中の死没総数一五三五名。戦死率は入隊者総数四七二六名で三二・五%(3)、ほとんど同時に兵学校を卒業した七三期が戦死率三一%、七四期が一・五%(4)（特攻死をふくむ）。

この数字は何を物語るだろうか。奥宮氏は言う。

フィリッピン方面での航空特攻作戦を指揮していたある（陸軍）師団長が「技量未熟者をもって特攻隊を編成する」ように命令したといわれていることには驚いた。このように体当り攻撃を極めてやさしいものであると考えているかに見えるところに、特攻についての認識の不足がうかがえるし、搭乗員の心理に関する無理解さが推察された(5)。

奥宮氏に問いたい。予備学生の方が「技量」にすぐれていたというのか。「本土決戦に備えて」海兵出を温存した面はあるではあろう。が、海軍は「本土決戦前の沖縄決戦に、虎の子の戦艦大和まで」突っこませたのが誇りなのではないのか。特攻隊の選び方に、海兵エゴイズムの表出を見るなという方が無理である。「搭乗員の心理への無理解」など、いかに身勝手無反省な「陸軍への誹謗」であることか。

このような比率は、陸軍特攻隊では分らない。調査もできぬほどに、特攻隊の出し方も記録も、いい加減なものであったと思わざるをえない。

3　分子――戦果

第5表が、桜花をふくむか否かの別はあるが、航空特攻の敵艦船に対する戦果の諸説の一覧表である。数値の差の大きさにおどろく。

戦果については、体当り当事者の確認報告はありえず、戦果確認機の報告はあっても不確実を極めたから、敵側の、それも戦後の資料が基本たらざるをえない。私が主として接したのが、L年誌、Mキング報告、Nニミッツ、Pウォーナーの四つであるが、Lが最も克明詳細、年月日、艦船名と艦船種、被害原因（体当り機・桜花・水上特攻・爆撃・航空雷撃・水上雷撃・水中雷撃・艦船砲撃・地上砲撃・機雷・同志討ち・衝突・坐礁・台風など）が日ごとに示されている。残念ながら命中数や被害程度はない。私はLを基準とした（L訳書付表第七「特攻兵器戦果表」は、既述のようにE富永とまったく同値で、Lとしては扱わない）。そのLにも以下の留意と修正をした。

(1)　アメリカ海軍の作戦記録であるから、協同作戦をしたイギリスやオーストラリアの海軍艦艇の被害は記載がない。分るかぎりを追加した。たとえば、オーストラリア重巡洋艦オーストラリアは、一九四五年一月五、七、八、九日の四日にわたって特攻機に体当りされた。八日には二機が命中。これは〈巡洋艦〉〈撃破〉に四がプラスされ、命中機五が加えられる。イギリス空母についても同様に加算した。

第5表　航空特攻の戦果と命中機数についての諸数値

	撃沈破艦艇延隻数				G　安　延			B富永
	撃沈	撃破	計		命中	至近突入	計	計
比島	Ⓛ 16 Ⓑ 19	83 102	99 121 Ⓖ129	<台湾>を含む ウルシー攻撃までを含む	111+	43−	(命中率%) 154 (27.1)	170
台湾	Ⓛ 0	3	3					
硫黄島	Ⓑ 1 Ⓛ 1	2 5	3 6					10
沖縄	Ⓛ 14 Ⓛ 15 Ⓑ 26	186 191 254	200 206 Ⓖ229 280	桜花を含まない 桜花を含む	133+	123−	256 (13.4)	295
計	Ⓔ 26 Ⓛ 31 Ⓛ 32 Ⓖ 49 Ⓑ 46 ⒻⒿ45	269 277 282 270 358 417+	295 308 314 Ⓖ319 Ⓖ358 404 462+	桜花を含まない 同　上 桜花を含む	244+	166−	410 (16.5)	475 (18.6)

(2)　海軍徴用船と陸軍輸送船の被害が欠けている。分るかぎりの輸送船（らしきものもふくめて）を追加した。たとえば、一九四四年十二月二十八日、Lでは特攻機の戦果はゼロであるが、G表では、リバティ型ウィリアム・シャロンとジョン・バークと陸軍輸送船（船名なし）の三隻沈没とある。四月六日にも、給弾船ローガン・ビクトリアとホッブス・ビクトリア沈没とある。当然加算する。他の例も同様にした。

右の(1)(2)で、英・濠・蘭艦船と米輸送船への戦果がすべて計上されたとは、とても言えない。とくに米輸送船の〈撃破〉については不十分すぎる。これについては後で論じよう。

(3)　Lにはないが、一九四四年十二月五日、G安延にLST三一八号撃沈とあるのを追加。

一九四五年四月十二日、駆逐艦マナート・エーブルは、特攻機に命中されて停止したところを、桜花に突入されて轟沈した。これは特攻機の〈駆逐艦〉〈撃破〉一、桜花の〈撃沈〉一とそれぞれにカウントする。

(4)　一九四四年十月二十四日の大型曳船ソノマ撃沈は、L年誌では特攻になっているが、Pで一式陸攻の体当りとなっている。この段階では体当りは爆装ゼロ戦だけなので、カウントしない。

また、一九四五年八月十五日、五航艦長官宇垣纒は彗星艦爆一一機をひきい、最後の特攻機として七機が沖縄に突入した。Lでは無戦果であるが『丸』二七二号の野村了介の記事では「水上機母艦に一機命中大破」とある。文脈から、敵の敗者へのいたわりかとも思われるが、G安延は「水上機母艦カーチス」と言い、これも戦果に加えるべきかと思案したが、文芸春秋の昭和五十二年九月号『特攻生残り三二年目の証言』などで、宇垣搭乗機は島に突入したこと、他の命中の記録もないのでノーカウントとする。

(5)　L年誌の被害は、ほぼLST（戦車上陸船）以上を記載し、それより小型の艦船は除外してあるのが多い。これらについても、分るかぎりは追加した。たとえば、歩兵上陸艇・特務掃海艇・上陸支援艇など（これらは陸軍だからでもあろう）。

(6)　以上に、桜花の戦果〈駆逐艦〉〈撃沈〉一、〈撃破〉三、〈その他艦艇〉〈撃破〉三を加えると、第6表となる。当然EやLを大きく上回った数値となる。数値合計としてはG安延の延隻数と一致する（安延は、三五八隻と三一九隻という二種の延隻数を一冊の本の中で示していたが、新版ではその表がなくなってしまった）。これでも、F吉田、J寺岡、B富永らの合計数にはるかにおよばない。私は、自分で集計した三五八隻撃沈破という数値も、そのままに戦果というのは過大と思っている。FやJやBは、その数値自体がありえぬと思っている。

戦果の評価は二点にかかる。なにを、どの程度たたいたか、である。

まず艦船種をみよう。〈撃沈〉は〈正・軽空母〉〈戦艦〉〈巡洋艦〉がゼロなので、〈護送用空母〉がトップにくる。空母なら巨艦と思いたいが、約六七〇〇拝水トン、搭載機二一が標準型。正規空母エセックス級が約二七〇〇〇排水トンで約一〇〇機を搭載し、巡洋艦の艦体を転用した軽空母でも一一〇〇〇排水トン、搭載四〇機。〈護送用〉の建造期間は巡洋艦よりはるかに短い六カ月程度、駆逐艦のそれにほぼひとしい。アメリカは第二次大戦中に約五〇隻を急造した。

〈駆逐艦〉は、大型で二二〇〇、小型で一六〇〇排水トン。トン数からはエセックス級空母の一二分の一以下、ミズーリ級戦艦の二〇分の一以下。軽快で攻撃力はあるが装甲はうすい。敵味方艦艇中最もよくはたらいた艦種であるが、日本海軍では一人前の軍艦扱いにせず、艦首に菊の紋をつけてもらえなかった。戦果中〈沖縄〉で激増するのは、レーダーピケの主力とされたからである。

そしてダブリ命中が多いのは、一機が命中して減速や停止すると、命中しやすいので集中したからである。

第6表　戦期別・艦船種別戦果集計

	空母(正・軽)		護送空母		戦艦		巡洋艦		駆逐艦		その他艦艇		上陸用・輸送用		合計		
	沈	破	沈	破	沈	破	沈	破	沈	破	沈	破	沈	破	沈	破	計
比島	0	9	2	14	0	5	0	15	3	28	4	11	12	15	21	97	118
台湾	0	2	0	0	0	0	0	0	0	1	0	0	0	0	0	3	3
硫黄	0	1	1	1	0	0	0	0	0	0	0	1	0	2	1	5	6
沖縄	0	14	0	3	0	10	0	7	10	80	3	3	12	37	25	204	229
計	0	26	3	18	0	15	0	22	13	109	7	65	24	54	47	309	356
											破 120						

第7表　寺岡謹平・吉田俊雄による損傷程度別・艦船種別戦果

（桜花の戦果をふくまぬ）

沈	1	3	0	0	12	29	45	
大	6	2	0	1	6	22	37?	462+
中	2	3	0	0	7			
損	6	2	6	3	55	約300	380	

第8表　寺岡・吉田表の修正値（桜花をふくむ）

沈	0	3	0	0	13	29	45	467	270−	99
大	6	2	0	1	7	25	54			
中	2	3	0	0	8					
小	7	2	6	5	56	95− 207	368			
微	11	11	9	16	38	112+				
破	85									

第9表　富永謙吾による艦船種別戦果の2表（桜花の戦果をふくまぬ）

沈	0	3	0	0	12	18	13	46	404	Ⓑでの数値
破	19	17	14	14	138	67	89	358		
沈	0	3	0	0	12	11		26	295	Ⓔでの数値
破	19	17	14	14	138	67		269		

〈その他艦艇〉には、水上機母艦や工作艦など一人前の軍艦もふくむが、〈撃沈〉は例外なく駆逐艦以下の「艇」に属するものばかり、敷設艦（艇）・掃海艦（艇）・駆潜艇・魚雷艇・曳船など。掃海用には駆逐艦クラス（DMS）から、より小型のもの（AM・AMC）があった。特務掃海艇（YMS）は漁船転用のものであろう。魚雷艇は通称PTボート。四五〜五〇トン程度。これも二隻〈撃沈〉している。〈その他〉の撃沈破をみると、なぜ体当りの目標としたのかという疑問をもってしまう。小型で軽快で命中しにくい。命中してもこんな小物と刺しちがえとは。大物が見当らなかったか、大物への突入がはずれて近くの小物に突入したのか、であろう。

〈上陸用・輸送用〉は、一万トン以上の兵員輸送船、七〇〇〇トンのリバティ型、一七〇〇トンのLSTから、約三五〇トンの歩兵上陸艇までをふくめた。油槽船や病院船もこれにいれた。これらへの打撃は、満船（上陸前）ならば大きいが、空船ならばカラの財布のようなものである。一九三五年ごろの建造費で、軍艦はトン当り輸送船の約三〇倍もしたのである（この差は電子兵器の発達した戦後はもっと拡大している）。この項目はLでも不十分で、集計困難なものである。

問題は、どこまで戦果に計上するかであろう。〈撃沈〉は〈駆逐艦〉以上はすべての説が一致している。〈その他〉以下でにわかに差がつく。名もなき雑兵の首級までを、第4表以上にかぞえないでもよいのではないだろうか。L年誌にもない小艇までがすでに相当数カウントされているのである。

それよりも大事なことは、巡洋艦以上の正式軍艦の撃沈ゼロということにあろう。若者たちが命をかけてねらった正規空母は、ついに一隻も沈んでいないのである。撃沈隻数だけで効果的と主張するならば、撃沈トン数を概算してみてほしい。〈上陸用・輸送用〉をのぞいた全撃沈トン数が、たとえばマレー沖海戦の約二分の一、特攻期間に日本が失った大和級戦艦や空母信濃の一隻分にも遠く達しなかったのである。撃沈全艦艇のトン数を合計して、やっと特攻本命の敵大型空母（三八〇〇〇排水トン）に匹敵するのである。隻数をそのまま戦果の指数とすることは、あまりにも乱暴であろう。

つぎに、打撃（被害）の程度を見よう。〈撃沈〉には「放棄」や「処分」をふくめた（その場合には一般に人員死傷がすくない）。これは喪失一〇〇％で問題ない。

〈撃破〉には問題がある。〈大破〉〈中破〉〈小破〉の三段階 区分が多いが、「大破とは 大修理しなければ戦闘・航海に耐えぬ程度」であるとすれば、たしかに戦果である。どの程度までを〈撃破〉にカウントするのか、具体的に、F吉田、J寺岡、B富永提示の表を検討してみよう。第7表を見られたい。寺岡、吉田が同一の資料によったことは、全数値が、つまらぬ計算ミスまでも、一致していることから確かである。資料名はどこにもない。第5表中でも〈撃沈破計〉は群をぬいて最高である。〈撃破〉数はむろん延回数である。

(1)　第7表には単純なまちがいがいくつかある。第一に、軽空母プリンストンは通常の航空攻撃による撃沈で、特攻機によるものではない。第二に、〈大破・中破計〉は、左側の数値が正しいなら、三七ではなく四九である。粗雑な計算ミスか。ここが四九となり、しかも結論だか目標だかの〈全合計〉四六二が不動だとすれば、下段〈損傷〉数も当然変動する。〈全合計〉を増大させるというならば、この合計数がすでにありえぬ過大の数値であることを予告しておく。第三に、護送用空母ガンビア・ベイ〈沈没〉はオマニ・ベイのまちがい。第四に、桜花が撃沈した駆逐艦マナート・エーブルが〈沈没〉にあるので、桜花の戦果もふくむのかと思ったら、それでは駆逐艦一隻〈沈没〉が不足する。

(2)〈駆逐艦〉以上の〈撃破〉はすべて私の第6表の方が多い。〈その他〉において第7表は俄然膨張し、〈合計〉ではるかに第6表を上回る。第7表の高度成長が〈その他〉の損傷にあるのは一目瞭然である。が、この〈損傷約三〇〇〉（(1)の計算ミスを正せば二八八）は、ありえぬ数値なのである。このことは(4)で説明する。

(3) 第7表は〈大破〉〈中破〉の次を〈小破〉でなく〈損傷〉とする。吉田は「程度不明で、大破中破をもふくむ」という。が、常識的には大部分が〈小破〉なのであろう。第7表の〈大破〉〈中破〉をそのまま認め、〈損傷〉を〈小破以上〉と解釈し、第7表でカウントされていない（らしい）英濠艦艇の〈小破〉を〈空母〉〈巡洋艦〉〈駆逐艦〉に加え、桜花の戦果も加えると、第8表となる。が、それでも、L年誌を土台とした第6表の〈撃破〉の方が〈駆逐艦〉以上でははるかに多い。なぜか？ その差は、戦果を大きくとろうとする寺岡・吉田でさえも〈損傷〉に入れられぬ程度のもの、すなわち〈微破〉とでもいうしかない程度のものとしか考えようがあるまい。

かくして〈駆逐艦〉以上の〈小破〉以上を第7表で修正、計算すると、第8表の〈微破〉数が自動的に得られる。〈駆逐艦以上〉〈撃沈破計〉二〇六中八五が〈微破〉となる。四割をこえる。小さい数値ではない。

(4)　問題は第7表〈その他〉の〈損傷〉に集中する。寺岡・吉田は「損傷とは小破以上」というが、それは「微破」をふくまぬということになる。第6表は、敵側が「体当りによる」と認めた損害のすべてをふくんでいる。第7表の〈損傷〉が〈小破以上〉とすれば、〈その他〉の〈損傷〉以外の〈微破〉はどれだけあったというのか？　それを加えた〈撃沈破計〉は軽く六〇〇をこえ、七〇〇にも達するだろう。

が、どっこい、第5表の〈命中機〉数を見よ。これまた使用資料と集計方法が分らぬのが残念であるが、G安延と陸軍の稲垣弘信少佐(『丸』三二七号、昭和四十八年)は〈至近突入〉をカウントしている。安延は「確実に命中したことが分らぬものは〈至近突入〉とした」ときつい基準を示している。〈至近突入〉など景気の悪い話には頬かぶりしたB富永よりは、はるかに信頼できる。Gで〈至近突入〉までふくめた〈命中機計〉は四一〇機、Bでも四七五機。〈至近突入〉でも無被害の場合は計上されるはずもないが、その損傷のほとんどが〈微破〉であったろうことも、たとえばGの表などから察せられる（Gの損傷区分は、甚大・大・中・小となっている。小が〈微破〉に当ると思えばよい）。また、私の集計でさえ、一艦に対するダブリ命中（一日に二機以上の突入）は六四機、四〇隻におよぶ。

Bの全命中機数四七五機を認めても、ダブリ命中六四機、損傷艦四〇隻は減じなければならぬし、それと重複する＜至近突入＞＜微破＞もなければならない。寺岡・吉田の＜撃沈破計＞四六一隻は、一特攻機が二隻以上を撃沈破することが一般的でないかぎり（一度だけある。一九四四年十二月二十八日、体当りされたリバティ船ジョン・バークが爆発炎上、隣接の陸軍輸送船が引火炎上沈没した）、ありえないのである。

第7表＜その他＞のすべてが＜小破以上＞は、＜全艦船＞の＜微破＞までがふくまれていても、多すぎるのである。

(5) 第8表は、第7表のありえぬ合計数を固定し、＜その他＞の＜撃破＞を、第6表の数値をすべて＜小破以上＞としての（＜駆逐艦以上＞とは逆の考え方を無理にしての）数値——ありえぬことを二つかさねた戦果表となる。これでも第7表よりはツジツマが合う。

要するに、第7表も第8表も＜駆逐艦＞以上については参考になるが、＜その他＞の＜小破＞以下については、物理学の常識を無視した戦後版大本営発表である。ヒイキのひき倒しである。

(6) 吉田は第7表で＜駆逐艦＞＜撃沈＞一八としているが、合計数は寺岡と同じなので、単純な誤植であろう。しかし、看過できぬのはその評価と主張である。「開戦以来約四年間に米海軍の（太平洋における）喪失艦船は一二〇隻。『神風』は内四五隻を沈めたのだから、喪失米艦の三分の一強を沈めたのである。これでも『神風』は大きな戦果をあげ得なかったのであろうか」と。陸軍の生田もすこし値下げして「二一・三％」（二二四頁）という隻数比率をあげている。

隻数比率が「戦果」判定上いかに不安定であるかは既述しておいた。トン数比率での計算を見たことがないのはなぜか。海軍軍人なら常識に属する計算方法を、当の軍人が避けているのはなぜか。私のトン数比率の計算では〈駆逐艦〉以上で、どう計算しても一〇％以下である。

隻数にあくまで固執するならば、L年誌にある米海軍艦艇の太平洋における喪失は三一九隻、小型の特務掃海艇以下はかぞえぬ隻数である。吉田のいう四五隻中には、それらの小型舟艇までもかぞえているのであるから、小物までをかぞえたMキング報告の喪失数五〇三隻が分母にならねばなるまい。三分の一はおろか一割以下である。これをトン数にでもしたらどうなるかは言わぬでよかろう。

また、L年誌一九四五年六月三十日にいう。「米国海軍現有艦艇数は六七九五二隻」と。相当の小物まで計上したにはちがいない隻数であろうが、その小物も戦果中に一隻として計上する人びとと同基準であろう。その後敗戦までに「神風」が撃沈したのは駆逐艦一隻であった。

吉田においても大本営参謀精神は健在のようである。

つぎに第9表の富永を検討してみよう。

(1)　かれはB表とE表の作成者である。Eの発行が昭和五十年三月、Bが十月である。しかも戦果の数値は高度成長している。同一の人間が、わずか半年の間に、資料も理由も一切示さずに、異なる数値をあげるのでは、その数値も、それにまつわる説明や主張も、信頼できるものではない。読者層の相違を計算したのではないかとカンぐられても、責任はカンぐる方にはあるまい。

(2)　問題は高戦果のBである。桜花の戦果を加算して第6表と比較すると、〈巡洋艦〉以上は第6表が上回る。英濠艦船をカウントしているのだから、ここまでは問題はない。〈駆逐艦〉〈撃破〉から逆にB表が大きく上回る。この差は「艦種分類」による差がまず原因である。L年誌中で〈駆逐艦〉は一種ではない。当の富永が訳者の一人である訳語では、〈駆逐艦〉〈護送用駆逐艦〉〈掃海駆逐艦〉〈敷設駆逐艦〉〈輸送駆逐艦〉などとにぎやかである。L原本とMキング報告では、Destroyer, Destroyer Escort Vessel が駆逐艦扱いになっている。第6表もそうした。富永は駆逐艦概念を拡張し、他の駆逐艦〈級〉のものを駆逐艦としたのである。すなわち、第9表が第6表を上回る三二隻は、第6表の〈その他〉に入っていることになる。

(3) するとB表の〈その他〉の〈撃沈〉も〈撃破〉も、第6表を大きく引きはなすことになる。その差の内容はなにか？ 答は簡単である。L年誌の作成者にせよ、G安延にせよが、とりあげるに価しないとした程度の小艇・小船なのであろう。しかも〈撃破〉中に多くの〈微破〉までもふくめているに相違ないことは、上述来の検討から疑う余地はない。名もなき雑兵のカスリ傷までを計上すれば、戦果の数値は大幅にあげることができる。

(4) B表は〈輸送船〉の〈撃破〉八九を示す。輸送船を独立させて計上しているのはBだけであるが、その資料は示されていない。第6表の最大の欠落が〈輸送船〉〈撃破〉であることは自覚はしているが、といって、第6表にBの輸送船八九（というよりは差の三五）を加えることには賛成しない。理由は〈微破〉までを戦果に計上することに反対だからである。アンテナをブチこわしたり、ペンキを塗りかえればすむ程度の損傷までを戦果と言いたてる大本営精神は私にはない。〈輸送船〉〈撃破〉八九を加えようとするならば、〈駆逐艦〉以上の〈微破〉八五とほぼ相殺であるし、〈その他〉と〈輸送船〉の〈微破〉（どう計算しても五〇隻以上にはなる）はカットせよと言いたい。

第6表は、L年誌作成者が遠慮したほどの特務掃海艇や歩兵上陸艇までも分るかぎりは計上し、全種艦艇の〈微破〉までも大幅にふくんでいるのである。雑兵のカスリ傷の相当までを計上してしまっているのである。輸送船の撃沈破数が的確に判明しても、戦果と言えるだけの数値が、第6表を下回るものであろうことはあきらかであろう。実際の戦果は、〈微破〉をのぞいた、せめて〈中破〉以上の第8表右端の一〇〇隻前後であろう。

Pウォーナーは、下巻二八八頁で、正確な計算は不可能と留保しつつ、航空攻撃の被害を、撃沈五七隻をふくめて、喪失艦船一〇八隻（巻末の戦果一覧表を数えて確認できる）、大中破八三隻、軽破二〇六隻、計三九七隻という。著者のウォーナー夫妻、訳者妹尾氏ともに良心的で信憑性も高いと思われるが、残念ながらこの数字は、一覧表の標題のように「航空攻撃」の集計であって、特攻だけの集計ではない。たとえば、昭和十九年十月二十四日の大型曳船ソノマ撃沈は、一式陸攻の体当りであって、特攻機の戦果ではない。特攻だけの本当の数値は、私の集計（第6表）とこの数字の間にあると判断する。ということは逆に、四〇〇隻を超える数値を「特攻だけ」として、典拠も示さぬ人たちの主張が、成立しないことをもの語るものでもある。

順序が逆になったが、命中機数を示しているのは、G安延とB富永だけ。第5表と第10表に無修正で示した。

G安延の表、Nニミッツなどから、分るかぎりのダブリ命中数を集計し、第6表の戦果と組みあわ

第10表　戦期別命中機数

	撃沈破		ダブリ命中					命中計	G安延			B富永
	沈	破	沈	破	命中	至近	計	(至近を含む)	命中	至近	計	命中計
比島	22	97	4	13	7 19	4 7	11 26	138	97	41	138	166
台湾	0	3		1	2		2	4	4		4	4
硫黄島	1	5	1	1	2 3	 2	2 5	11	9	2	11	10
沖縄	25	205	9	11	24 27	 8	24 35	269	134	123	257	295
計	48	310	14	26	84	21	105	422	244	166	410	475

せたのが第10表である。集計もれがあることはたしかであるが、大約の数字と傾向はこれで分る。

4　評価と教訓と

以上を総合集計したのが第11表である。可能性の範囲内で分母に最小、分子に最大をとったのがイの数値であり、逆にしたのがロである。実態はイ以上であることはまずないが、ロ以下であることは十分にありうる。

私はこれらの数値に固執するつもりはない。納得できる資料や説明が与えられるならば、よろこんで過去の実態に接近したい。イもロもなく、ひとつの数値でひとつの過去の断面が示されることのある日を期待している。

さて、第11表と、これにたどりつくまでの操作から、以下のことだけは指摘できるであろう。

すなわち、数字は冷厳な真実をあらわすという一般通念がある。とくにプロの提示する数値は、部外者としてはウノミ

第11表　特攻の効果率表

		比　島	台　湾	硫黄島	沖縄・本土	計
分母	a 出撃特攻機延	873+	27	29	イ 2675 ロ 2975	イ 3604 ロ 3904
	b 直 掩 機 延	562	18	12	イ 327 ロ 331	イ 919 ロ 923
	c a＋b	1435	45	41	イ 3002 ロ 3306	イ 4523 ロ 4827
	d 突入・未帰還	540+	15	30	イ 1882 ロ 2237	イ 2467+ ロ 2822+
分子	e 命 中 機 数	96	4	9	133	242
	f 至 近 突 入	41	0	2	123	166
	g e＋f	イ 165 ロ 137	4	11	イ 294 ロ 256	イ 473 ロ 408+
	h 撃　　沈	21	0	1	25	47
	i 大 ・ 中 破	97	3	5	204	53
	j 小 ・ 微 破					256
	k h＋i					100
	l k＋j	118	3	6	229	356
効率%	イ g／a	イ 18.9− ロ 15.7−	14.8	37.9	イ 9.9 ロ 8.6	イ 13.1− ロ 10.5−
	ロ e／a	11.0−	14.8	31.0	イ 5.0 ロ 4.5−	イ 6.7 ロ 6.2
	ハ g／c	イ 11.5− ロ 9.5	8.9	26.8	イ 9.8 ロ 7.7	イ 10.5− ロ 8.5−
	ニ e／c	6.7−	8.9	22.0	イ 4.4 ロ 4.0	イ 5.4 ロ 5.0
	ホ l／c	8.3	6.7	14.6	イ 7.6 ロ 6.9	イ 7.9 ロ 7.4

にさせられることが多い。が、数値はときとして甘美なる虚像にも奉仕する。第11表をみていただきたい。〈命中率〉ひとつでも、いかに多くの数値がえられることか。極言すれば、人は自己の主張に都合のよい数字を、内容の異なる多くの数値のうちから選ぶこともできるし、ときには仮空のそれを

つくりだすことさえする。資料や内容や集計方法を示さぬ数値は、客観性とか科学性どころか、その反対物になりうる。評価がはげしい対立をもっている場合の「数値信仰」は危険以上である。特攻問題については、大本営精神が健在であることからも、いくら警戒してもしすぎることはあるまい。

第11表の〈命中率〉や〈撃沈破率〉をどう評価するかは、個々人の過去をふくめた立場や思想、比較する対象によって異なるだろう。私としては、体当りの軍事的効率を高くは評価できない。その理由は、①犠牲の損耗が絶対で、しかもムダ死の比率が増加せざるをえないこと。②第11表の数値には〈小物〉の〈微破〉までふくんでいて、実戦果ははるかにこれより低下せざるをえないこと。③〈撃沈〉に〈巡洋艦〉以上が一隻もないことは、体当り攻撃の破壊力の低さを示していること。命中率はよし高くとも、破壊力は意外なほど低いのである。ダブリ命中の記録で、六機命中で駆逐艦大破（一九四五年四月十五日、駆逐艦ラフェイに対し、至近一をふくむ六機命中）などという例を見ると、体当り攻撃が、礼賛者たちのいうほどに有効ではなかったことを思い知らされる。

命中率については、たしかに低くはないと言えるだろう。戦中の日本側の推定戦果と戦後の敵側の発表とを比較すると、航空特攻では〈撃沈〉八一、〈撃破〉一九五の推定が（Aによる）沈四八、破三一〇となる。撃沈が減り、撃破が大きく推定を上回り、合計では推定よりはるかに大きい。これは〈命中数〉の高さということでもある。有効性を高く主張したい人たちは、当然これにとびつく。富永謙吾は「神風特攻隊の攻撃は……ゾッとするように物凄く効果的で……命中率は一八・六％」というし（Bの二四八頁）、故大西滝治郎海軍中将伝刊行会『大西滝治郎』（昭和三十二年、代表者は福留繁）では「海軍特攻機の命中率は一八％強、陸軍特攻機を加算しても一五％強」とし「演習に於ける砲・雷命中率は、数十パーセントの好成績を示すことも少くないが、砲弾雨飛の実戦場裡に於ては、統計上二％内外といわれる。航空爆撃にあっても大同小異である。特攻戦果は殆んどその十倍に当る」と有効性を強調する。

本当か？ 体当り機と砲弾の命中率を比較するバカはないから、太平洋戦争における航空雷爆撃の命中率を調べてみよう。

緒戦の真珠湾攻撃で、日本側記録、雷撃九四・七％、水平爆墜二六・五％以上、急降下爆撃（これが体当り攻撃に最もちかい攻撃法である）五八・五％（撃墜されたものまで推計すると六五％）以上。米国側記録、雷撃五五・三％以上、平爆二四・四％以上、降爆四九・二％以上（福留繁『史観真珠湾攻撃』三三八頁）。

ハワイ海戦のは静止目標への不意討ちというなら、マレー沖海戦を見ると雷撃四〇・八％、平爆七・七％（須藤朔『マレー沖海戦』一八〇・一八二頁）。

昭和十七年四月のインド洋の英巡洋艦二隻への降爆は八八％、空母ハーミスへは八九％、制空圏下での練達の急降下爆撃の命中度の高さをもの語っている（吉田俊雄『近代戦史百選』一一七頁）。

ほぼ互角の空母戦となったサンゴ海海戦では、レキシントンに対して降爆五三％、ヨークタウンに対して六四％、当時練度が低いとされた五航戦でもこれであった。敵側は、祥鳳に対して降爆三二

%、雷撃三五%、瑞鶴に対してはともにゼロ（吉田前出書、一二六頁）。福留・富永・吉田はいずれも著者である。そして同時に、特攻攻撃の有効性の主張者でもある。

以上から、体当り攻撃が戦術的に有効であったという「解説」や主張は、命中率だけにしても練達の急降下爆撃にはるかに及ばないこと、また破壊力の意外なほどの低さの二点からも、大本営発表の伝統を堅持するものと思わざるをえない。

また、数字には表わされない戦果——敵に与えた心理的効果・恐怖感を強調する者も多い。が、特攻をほとんど唯一の戦術としたのである。生命の危険を感じさせられる唯一のものには、当然恐怖感は湧く。敵になんらの恐怖感も与えぬ新戦法などというものはないだろう。敵の制空圏下で多くの将兵が「飛行機ノイローゼ」になったことは、太平洋戦争の常識に属する。恐怖感を言うならば、その恐怖感が作戦の運行を阻害するほどであったか否かが検討されねばならない。残念ながら、体当りが実施されているのに、レイテでも、ルソンでも敵は進攻し、硫黄島は玉砕し、沖縄も奪われたのである。

数値について大事なことは（回天・震洋にはこの比較は不要または不能であるが）航空特攻の効果が、フィリピン戦期から沖縄戦期にかけていちじるしく逓減したことである。しかも上級用兵者がそれに気づいていたことである。当時の日本側の推定戦果の推移を見よう。これにもとづいて次期の作戦計画・準備がなされたのだからである。

A猪口・中島書で集計してみると、一九四四年十月〜四五年一月まで、特攻出撃機数六九五機、撃沈破一〇七隻、命中率は一機一艦として一五・四％、体当り機だけの比率だと二三・五％。一九四五年三月以降敗戦まで、特攻出撃機数（桜花七四をふくめて）一八九六機、撃沈破一三五隻、命中率七・一％、体当り機だけで七・九％となる。富永流に言えば「ゾッとするような」逓減である。

プロの軍人たちは、これをどのように受けとめたか？

昭和二十年七月四〜五日、福岡第六航空軍司令部に、航空総軍・連合艦隊共同主催で、本土各航空軍・航空艦隊の幕僚を招集、「決号（本土決戦）航空作戦」とくに航空特攻に関する兵棋演習がおこなわれた。十月に米軍が、一六個師団で南九州に来攻するとの想定である。結果は、航空特攻で敵輸送船約五〇〇隻、海上海中特攻で一二五隻、計六二五隻、上陸軍の三四％、五・三個師団を洋上で上陸前に撃滅と出た。この見込みは、六月八日の御前会議での両統帥部の上奏とほぼ一致すると、関係者はよろこんだという(6)。

その算定基礎は、航空特攻は特攻機四〇〇〇機、実働率六〇％で、命中率は比島＝沖縄の戦例を約三分の一として、六分の一で算出。舟艇特攻は、震洋一一二五隻、基地での損耗一〇％、命中率一〇％、回天ほか水中特攻七〇隻のうち回天の命中率は三分の一となっている。

航空特攻を見ると、この特攻機のほとんどは練習機なのである。これから四〇日後の敗戦当時の「特攻機」の編成ずみ機数は、これまた富永謙吾の提示によるが（Eの表）、実用機が陸軍九〇〇、高等練習機が陸軍一七五〇機、初級練習機が海軍二七〇〇機、計五三五〇機。うち練習機が四四五〇機、八三％。これでどうして比島＝沖縄戦の命中率の半分になれるのか？　四四五〇機（一機一人として四四五〇名）のムダ死は保証つきである。しかも比島＝沖縄戦期の命中率三分の一は、どこをどうすればヒネリ出せるのか？　戦例は最新の沖縄だけを考えるべきではないのか？

とらぬタヌキよりひどい。自分たちの従来の推定戦果（それが水増しであったことは戦後判明するが）の数字さえ無視して水増ししたのである。それに、比島＝沖縄での推定戦果二四一隻は、撃沈破の計であって、確実に撃沈と認定したのは八三隻（これも多すぎた）、推定撃破一五八隻には命中というだけで、「大破」とはかぎらない。中小破の方が多かろう。それで「撃滅」とは不思議である。作戦とは敵の動きへの対応なのであろうが、この段階の日本軍首脳——幕僚・参謀クラスには、事態への対応能力どころか事実認識の態度さえ見られぬと言わざるをえない。いや「六月八日の上奏内容と一致した」のではなく、「一致させた」と解釈した方が自然である。戦士であるよりは軍人官僚化していたかれらには、ツジツマ合せの態度と能力は一貫してあった。このような人たちが、本土決戦論と一億玉砕を叫び、戦後には「特攻隊」は志願制で自発的で効果的だったと言い張っているようである。

現場の下級指揮官や歴戦の搭乗員は、オンボロ兵器による未熟練者の体当り効果の低さ——つづけてはならぬ戦術であることに気づいていた。坂井三郎・岩本徹三・野中五郎らの例は前に述べた。当時銀河飛行隊長鈴木瞭五郎大尉も「草薙隊」と命名されたときに思う。「たとえこの戦法に成功しても、この決定的消耗戦法のあとを誰が引き受けるのだろうか……将来性のない暗い戦術」と(7)。また、大西の部下としてフィリピンで戦った美濃部正少佐は、内地にもどって新しい攻撃隊の編成・訓練をまかせられると、夜間の特殊飛行訓練にうちこみ、「貴様ら、これができないと特攻に入れるぞ」と叱咤した。昭和二十年三月初旬、木更津で連合艦隊の「沖縄作戦会議」がひらかれ、各航空部隊の司令クラス（大佐・中佐）約三〇〇名が集まり、赤トンボ（羽布張り初級練習機）四〇〇〇機も体当りさせろという意見が強かったとき、「主張者五〇人が赤トンボで来てみろ、私がゼロ戦一機で全部たたき落してみせる」と言ってこの愚挙をやめさせた(8)。

技術練度の高い者ほど、高い犠牲と低い戦果の実態を知り、体当り戦法には否定的であったと言えよう。事実「一将モ功成ラズシテ万骨枯レ」たのが体当り戦術であった。

第三章註

(1)　小高登貫『あゝ青春零戦隊』

(2)　苗村七郎『万世特攻隊員の遺書』現代評論社、昭和五十一年

(3)　蝦名賢造『海軍予備学生』図書出版社、昭和五十二年

(4)　奥宮正武『海軍特別攻撃隊』

(5)　同右

(6)　服部卓四郎『大東亜戦争全史』第四巻　鱒書房版、昭和二十八年

(7)　鈴木瞭五郎『銀河飛行隊の戦闘』(『海軍急降下爆撃隊』今日の話題社、昭和五十年所収)

(8)　美濃部正氏は、正論硬骨の人であった。大西の部下でありながら、体当りを拒否しぬいた。一回で人機ともに消滅することの戦術的誤り、士気の低下を指摘、少数劣勢の日本空軍は夜間出撃すべきだ、との主張を貫いた。いわば空のゲリラ戦である。大西も黙認した。奥宮氏も、「美濃部少佐は、大西中将の部下の中で、

正面切って特攻に反対したほとんど唯一の飛行将校」（八四頁）と認めている。奥宮氏は大西の寛容を言いたいらしいが、私は、美濃部氏が海兵出身で佐官になっていたことを割引きしても、「ほとんど唯一人」だったことを惜しいと思う。美濃部少佐は内地にあっても、一三一空（芙蓉部隊）で夜間戦闘に打ちこみ、ねばりぬいて戦った。被害（未帰還機）も多かったが、この部隊の士気は最後まで高かった（渡辺洋二『本土防空戦』朝日ソノラマ、昭和五十七年）。日本海軍航空隊稀有の武人に関するまとまった記録は、あるのかもしれないが、私は未見である。

第四章　虚像と実態

1　志願と強制と

技術は人間の心と行動につながる。人は、無意味にも生きられるが、意味なくして自分から死ねるものではない。

戦争において、兵員と機器の損耗は不可避である。最小の損耗において最大の効果をあげ、戦術・戦略目標を達成することこそが、プロの軍人のレーゾンデートルであろう。効果を確信するからこそ、部下将兵を死地に投じられるのであり、それが許されるのである。そして、戦法が効果的であるならば、有効と確信できるならば、将兵の相当数はときにみずからの生命までも提供する。そのような献身の例は、その原因をどこに求めるかは別として、たしかに旧日本軍隊において多かった。日清、日露戦争以降の軍国美談は、このような軍神を戦争のたびごとに生みだした。世界の諸列強にくらべて武器・装備の質量面において劣ることを自覚していた為政者や軍部は、昭和期には意識的に美談をつくり育て、戦力の一要因に組みこもうとした。やがてそれが唯一の戦力にちかづいた段階で、体当り要員を、初期だけにせよ、生きているうちから神様扱いにした。

しかし、体当りにのぞんだ特攻隊員のほとんどの今生の念願は「命中」であり「効果ある死」であって、単なる戦死ではなかった。ひとたび発進してしまった特攻隊員の九九％までが、それまでのいきさつはどうあれ、いまはただ命中だけを希ったことを、私は疑わない。これはどのような記録からも言える体当り攻撃の公理にちかい。公称神風特攻第一号の関行男大尉も、昭和十九年十月二十四日夜、クラーク基地で、初対面の九九艦爆隊指揮官江間保少佐に、急降下爆撃の要領を熱心にたずねている(1)。関自身が艦爆の出身であり、相当の練度と自信があったのにである。翌日、かれの体当りは見事に成功した。

これを逆から見れば、ムダ死の可能性の高いやり方に対して、体当り要員の表情は暗くかげったのである。昭和二十年春、回天搭乗員八重樫少尉は、回天が防潜網には無力化することを憂え、造艦官の堀元美に、防潜網切断装置の開発を懇願した。が、堀は急に転勤となり、八重樫少尉は失望をかくしきれない。堀のつらい追憶のひとつとなる(2)。回天特攻員横田寛の回顧でも、不成功——ムダ死への心配が一貫している。敵にカスリ傷さえ与えられぬ公算が高い場合、「軍神」と呼ばれようと二階級昇進を約束されようと、だれがよろこんでムダ死を希望しようか。

体当り特攻への志願・自発性の度合は、当然にもその有効性を信じる度合と並行した。種別的に見れば、回天特攻のそれが最後まで最も高く、ついで海軍特攻機、陸軍特攻機の順となる。時期的には、特攻開始の初期ほど高く、後ほど低くなる。また、実戦経験や技術的練度の高い者や高学歴者ほど批判的であり、年齢も学歴も低い者ほど積極的であった。死への熱意の度合は、生への執着の度合よりも、その死の有効性の認識の度合に、総体として対応したのである。これを一律に見るときには、かならず事実の歪曲となる。

体当り特攻が「志願制」であったか否かは、特攻隊論議の最大の争点であろう。敗戦直後のアメリカ戦略爆撃調査団の興味と質問もここに集中した。敗戦時の陸軍航空本部次長、中将・河辺虎四郎は「志願者に不足することはなかった」と証言しているし(3)、下級現場指揮官クラスだった五人(海軍中佐一、大尉四)も「すべて志願」と強調している(4)(猪口・中島書、三三二頁以下。証言時は河辺証言とほぼ同時期の昭和二十年十一月ごろと推定。このような調査は、証人がどのように選ばれたかが大きな意味をもつが、それには一切ふれていない)。生き残った特攻隊員の回想でも「熱望」「志願」の証言は多い。それが「志願」であったことを言いたいのが、最大の目的ではないのかと思いたいものさえもある。猪口・中島書、奥宮書、生田書は海陸のそれぞれの代表的なものであろう。

かつて自分が所属した集団——各段階の部隊から軍にいたるまで——への帰属意識、生死を共にした戦友や同輩への連帯感と愛情、「国敗れても俺(たち)は勇者であった」とする矜恃(きょうじ)、これらの心理的要因が、意識無意識のうちに過去の「美化」への傾向をもつことは、戦記もの一般のもつ傾向でもある。特攻関係だけが「聖域」であることはできない。特攻体当りを「決裁」した陸軍航空総監兼陸軍航空技術庁長官で、沖縄戦期の陸軍特攻隊最高責任者の六航軍司令官、中将・菅原道大は「あくまたかであろう。

でも志願制」と言う(5)。問題は「志願制」の内容と実態であり、「原則」がどの程度まで守られてい

特攻世代の碇義朗は言う、「特攻隊員の任命は、いちおう本人の希望をたて前とした……全員が『熱望する』と書いた。勿論、軍隊という組織の中での……精神的圧迫も大きく作用したと思われるが、それを強調することは、本心から国に殉ずる気持で死んでいった若者たちへの冒瀆というものだろう」(6)。

「強調」ではなく「ノータッチ」こそが死者への鎮魂という一種の「聖域論」であろうが、碇自身が「いちおう」という留保の言葉をつけざるをえない志願問題に「精神的圧迫も大きく作用した軍組織」という基本条件を勘案しないで、どうして当事者たちの自発性を立証できるのか？　死者への冒瀆を名目にして真実の究明を封殺することが、どうして死者への鎮魂なのであろうか？　死者が真実をおそれるとすることの方が、死者への冒瀆ではないだろうか？

昭和期の日本軍上層部、とくに陸軍の下級将兵への絶対的な要求は、上長への盲従ではなかったか？　恣意までもふくめた上長者の意向に対する不満や疑惑を許さぬはおろか、脳ミソのシワの間の思考から顔の筋肉に出る感情までを支配しようとしたのではなかったか？　表現力から思考能力までが奪い去られたときに、上長の意向と命令に対して機械のごとく行動する日本将兵が誕生した。人間の主体性を抹殺し、精神面でも奴隷化した上に、天皇制軍隊はそびえ立っていた。二十世紀における精神奴隷制軍隊とでも呼びたい。下級将兵のわずかに残る思考や願望は、上長の意向にそう方向にのみ

しかその表明を許されはしない。下級者としての旧日本軍隊を知るほどの者ならば、私の表現が誇張でないことを認めざるをえないはずである。このように決定的に作用した旧軍隊組織をヌキにして、特攻隊員志願問題を考えようがあるまい。

大体、志願問題については、この「志願」という言葉自体に錯覚が起りやすい。戦後の（旧日本軍隊の消滅した時期の）用法では、「志願」とは当事者の意志の自由な表明の状態における選択を意味する。志願しない者に対する蔑視や差別のないことが保証されなければならない。が、旧軍隊が一番に嫌ったことが、その「自由」であり「個人」であったのである。ついウッカリ、戦後社会に空気のようになってしまっている「自由」が、戦中の日本軍隊の中にもあったなどと考えたら、大変なまちがいである。

端的に言えば、軍上層部は「自発的に志願せよ」と命令できたのである。自発性を強制できたのである。ここに志願問題の鍵がある。一般に「志願」とは当人の意志・希望の表明を意味する。自発性を前提とする。が戦争末期には、上長者の意向の強制と、それへの忍従をも意味した。無論、軍上層部の与えた虚像を信じて「これこそ有意義の死」と確信した人びと——碇の言う「本心から国に殉ずる気持で死んでいった若者たち」も多かった。それを否定しようとは思わない。否定したら歴史の真実に反する。だが同時に「熱望者」だけであったことも否定する。そして、忍従させられた者までも「志願者」にくり入れて、特攻隊を一律に神話化しようとすることを拒否する。それこそ歴史の真実に反する。告別式の弔辞だけを故人の真実とすることは、結局は過去の真実の歪曲であり、故人への侮辱となるのとおなじことである。

以下に「志願制」の実態を挙例しよう。同時に「形式だけの」志願制さえなかった例も並記しよう。それが例外的なことでなかったこと、全員志願制の中で無視できぬだけの比重をもっていたことは、おのずからあきらかとなるであろう。

特攻「全員志願」を主張したい人たちが、ひとを納得させたいならば、「熱烈志願」の例を増すことではなくて、以下の「忍従」例が、事実上なかったか、記述がまちがいであるか、を証明すること以外にない。

2 海軍特攻隊（神風特攻隊）の場合

大西滝治郎の役割

従来、海軍特攻隊の編成は、第一航空艦隊長官に新任の大西滝治郎中将が、個人の責任において、昭和十九年十月二十日夜、マバラカット基地で、強行したことになっていた。私もそう思っていたが、割り切れぬことがあった。水上特攻の震洋隊は八月に、桜花隊は十月一日に、いずれも編成されている。とすれば、体当り特攻は大西個人の意志や責任ではなく、海軍上層部の方策として既定のものだったのではないか。いくら大西が体当り積極派だとて、桜花や震洋までの編成・実施を、個人で決められるはずはない。

が、公式戦史『沖縄方面海軍作戦』(7)では「大西中将は……一航艦長官赴任に当って……特攻作戦を断行する決意を披瀝した。及川軍令部総長は、特攻作戦は中央からは指示しないが、現地部隊で自発的に実施することに対しては中央は敢えて反対せず、黙認の態度をとる旨を述べた。大西中将は、中央からは何も指示されないように希望を述べている」となっている。これではあくまで「黙認」で、大西個人に発起の責任があることになる。震洋や桜花隊との関連も分らない。海軍上層部は雲の中である。

ウォーナーの『神風』(8)と訳者妹尾氏あとがきが、これらの疑点を一掃してくれた。それによると、十月十三日（大西が赴任途上――筆者）軍令部作戦課（第一課）の航空作戦計画担当の源田実中佐は、一通の電文を起案した。それには第一部長の中沢佑少将が決裁捺印していた。大海機密第二六一九一七番電である。

「神風隊攻撃ノ発表ハ全軍ノ士気昂揚並ニ国民戦意ノ振作ニ至大ノ関係アル処　各隊攻撃実施ノ都度(ツド)純忠ノ至誠ニ報ヒ攻撃隊名（敷島隊、朝日隊等）ヲモ併セ適当ノ時期ニ発表ノコトニ取計ヒ度(タヤ)処　貴見至急承知致度(イタシタシ)」

この電報は二十六日まで、大西のもとには届かなかった。

特攻は、最初の編成、実施以前に、隊名まで決められ、発表の心配を中央がしているほどに、既定のことであったのである。

妹尾氏の証言(9)は本質に迫る。長いが引用させていただく。

昭和一九年一二月まで軍令部第一部長（作戦部長）を務められた中沢佑海軍中将は、昭和五二年七月一一日夕、水交会で「海軍勤務時代の回想」と題して、同会員に対して講演した。その中で、「体当り攻撃は大西中将が採用したのが最初で、それまで海軍中央部においては、そうした動きはいっさいなかった」と語られた。

質疑のとき、訳者（妹尾氏）は、「桜花」の第七二一航空隊（神雷部隊）は、大西中将が神風特別攻撃隊を編成するより二〇日前の昭和一九年一〇月一日、百里ヶ原基地で編成され、訓練を開始していた。明治憲法によれば、部隊の編成は天皇の大権に属する事項なので、この航空特攻隊の編成については、当然、軍令部第一部長が関与していたに違いないので、その点をお尋ねしたわけである。

中沢中将は「私は知らないが、そこにおられる土肥一夫中佐が部隊の編成関係を担当しておられたので、おききしてくれ」と言い、土肥中佐は即座に、中沢部長の決裁を得て、同部隊編成についての允裁を仰いだ旨答えられた。

中沢作戦部長が神雷部隊の編成に同意されていたことは、大西中将の神風特別攻撃隊編成以前に、軍令部レベルにおいて、体当り攻撃が海軍戦術として〝公式〟に採用されていた事実を示すものではないか、との私の質問にたいして、中沢提督は一〇分間ばかり（立往生し）、見かねた旧海軍のある先輩が、「この質問は保留にして、あとで私が中沢さんからの回答を質問者に伝えよう」（とのことで幕）（その後五二年の中沢の死まで）なんの回答も頂けなかった。……

特攻隊にたいする評価が戦争中と戦後とでは大きく変ったのにつれて、「特攻は大西中将が始めたものだ」と……航空特攻の採用を事前に決定しておきながら、その責任はすべて大西提督ひとりに転嫁して「我不レ関焉」としている軍令部主務者の態度には憤りを覚える（ほぼ原文のまま）。

私がつけ加えることはあるまい。特攻の発起を大西個人の心事でいうことはまちがいである。海軍中央はいわば共同正犯なのであり、大西を最も徳としたいのは、戦後になって「特攻発起には反対、または無関係だった」と言いたい人たちであろう。俗な言葉で言えば、大西はすべてをヒッカブッて（ヒッカブせられて）その死まで貫き通したのである。真実を求める人びとからは迷惑ではあるが、海軍の面子にしがみつく人びとからは、たたえられてよいであろう。

この立場から、「特攻を出したのは、講和の機運をつかむための大西の遠大な見通しの布石ではなかったか」とする大野芳氏の推測(10)は、大西を大きく見すぎている、と思わざるをえない。

特攻第一号(11)

昭和十九年十月十九日夜、新任の一航艦長官大西中将は、二〇一空戦闘機隊マバラカット基地で、体当り攻撃の編成実施を、一航艦先任参謀猪口力平中佐と二〇一空副長玉井浅一中佐に下命した。玉井の教え子の甲飛一〇期生の下士官要員は「全員双手を挙げて賛成」した。猪口と玉井は「指揮官には兵学校出身者を選ぼう」とすぐに一致、関大尉を指名、「神風特別攻撃隊敷島隊」の長とした。同じころ、二〇一空セブ基地へは中島正飛行長が飛び、「大和隊」が結成された。

二十一日、「大和隊」も「敷島隊」も出撃したが、「大和隊」の久納好孚予備中尉は、「機動部隊がみつからなければ、レイテに突っこむ」と言い残して未帰還となった。爆装ゼロ戦でである。敵にめぐり会えぬ「敷島隊」は連日出撃してはカラぶりをくり返し、二十五日に見事な戦果をあげた。それまでにセブ隊は連日突入している。『アメリカ海軍作戦年誌』の特攻による初被害は「二十四日、大型曳船ソノマ沈没」であるが、これは一式陸攻の体当りであって(12)、爆装ゼロ戦ではないから、十月二十五日以前は、無戦果とみてよい。が、特攻第一号が久納中尉であることはたしかである。いまとなっては、どちらでもよいように思うが、問題は公表の仕方にあろう。旧著で疑問をなげかけておいたが、久納氏と第一一期飛行予備学生同期の幾瀬勝彬氏(13)と、この一号問題に正面からとりくんだ大野芳氏の労作(14)とによって、以下の三点が確認できた。

一、特攻第一号は十月二十一日の予備士官久納好孚中尉(法政大学出身)である。

二、十月二十五日までは無戦果である。

三、最初の成果はダバオ基地発進の菊水隊他である。

三について説明すると、二十五日に一航艦の特攻隊は、ダバオ、セブ、マバラカットの三基地から飛び立った。ダバオからは、〇六三〇―朝日・山桜・菊水の三隊(爆戦六、直掩三、全員下士官)、セブからはほぼ同時刻、大和隊(爆戦二、直掩二、直掩一だけが国原千里特務少尉、他は下士官)、マバラカットから、〇七二五―敷島隊(関行男大尉機はじめ爆戦五、直掩四)。

突入・命中は、まずダバオ隊が、〇七四〇―護衛空母『サンティ』と『スワニー』へ。見事な戦果であった。

敷島隊の突入・命中は一〇四〇頃。

見るべき戦果第一号はダバオ組である。

これでも確認できぬのは、特攻の最初の発表（十月二十八日一五〇〇）以降、敷島隊を第一号のように発表しつづけた動機の中に、例の海兵エゴイズムがどの程度働いたか、である。それまでは無戦果だったから、というならば、開戦劈頭の真珠湾攻撃の特別攻撃隊も無戦果だったらしいのに、公表している。甲標的の特攻第一号は、シドニー組とかディエゴスワレス組（英戦艦を損傷）とは誰一人言うまい。『海兵七〇期卒業生名簿』の関行男の欄には「神風特攻第一号」としてあるそうであるが（私は未見）、正確には「神風特攻海兵出身者第一号」であろう。

関行男大尉(15)

体当り攻撃成功第二号の「敷島隊」隊長関行男大尉は、自分から体当り要員たることを「志願」していない。一一七頁のくり返しになるが、昭和十九年十月十九日、一航艦長官大西滝治郎が、二〇一空戦闘機隊マバラカット基地で、体当り攻撃の編成実施を、一航艦先任参謀猪口力平中佐と二〇一空副長玉井浅一中佐に下命した。玉井の教え子の甲飛一〇期生の下士官要員は「全員双手を挙げて賛成」した。猪口と玉井は「指揮官には兵学校出身者を選ぼう」とすぐ一致した。

猪口は「人物・技倆・士気」の観点から、「もと艦爆出身で、一ヶ月位前にひょっこり台湾から着任してきた」兵学校七〇期の関大尉に白羽の矢を立てた。玉井は菅野直大尉を第一に考えたが、菅野は当時内地に出張中。どちらにせよ、人物・技倆・士気の前に、学歴があった。

かくて二人は関を呼んだ。玉井は関の肩を抱くようにし、二三度軽く頷いて、状況を説明、「ついては貴様に白羽の矢を立てたんだが、どうか？」と涙ぐんで訊ねた。関は唇を結んで……両ひじを机の上につき、頭を両手で支えて、眼をつむって俯向き、深い考えに沈んで、身動きもしない。……やがて静かに頭を持ち上げて言った「是非、私にやらせて下さい」（以上は猪口の回顧文のまま）。

直属上官からの命令または懇請への快諾ではあるが、自発的志願ではない。「志願制」とは、上部の命令や意向に、快諾はもちろん、忍従することまでふくむもののようである。そして当時の軍隊機構の中で、直属上長に「肩を抱かれ涙ぐんで」頼まれた場合、拒否できる若者があったであろうか？

「志願」という概念が不当に拡張されてはいないだろうか？

士官、とくに海兵出身の士官は、「死地に入るのが当然」だから、あえて志願を求めなかったのだ、という説明が、志願を求めなかった理由（したがって、命令で特攻に出した理由）とされるが、それならば関になぜ求めたのか。

が、関の「快諾」が本心とは遠いことを、当時マバラカット基地ただ一人の報道班員小野田政氏は知る(16)。関はバンバン川のほとりで小野田氏に言った。

「日本も終りだよ。僕のような優秀なパイロットを殺すなんて。僕なら体当りせずとも、敵空母の飛行甲板に五〇〇キロ爆弾を命中させて還る自信がある」

「僕は天皇陛下のためとか、日本帝国のためとかで行くんじゃない。最愛のＫＡ（家内）のために行くんだ。命令とあればやむを得ない。日本が敗けたら、KAがアメ公に何をされるかわからん。僕は彼女を守るために死ぬんだ……」

そして、関隊は見事に大戦果をあげた。

感激した小野田氏は、「人間関大尉」の記事を書いた。が、菅野大尉にどなられる。

「貴様はなんのために二〇一空の飯を食っているんだ。関は女房に未練を残すような男じゃない。特攻隊員は神様なんだ。その神様を人間扱いにしヒボウするとはけしからん。それが分らんとは、貴様は非国民だぞ！　銃殺にしてやる」

飛行長の指宿大尉も猪口参謀も、書き直せと命じ、「私は菅野大尉の同期生談を中心にして、まったく骨抜きにされた美辞麗句をつらねる人間関行男のゴマかし記事を書かされてしまった」(17)。

海軍上層部では発表を焦った。その理由は「源田（実）は東京におって、〝はよ発表せんといかん。陸軍がそのうちに（特攻を）やりはじめて、先に公表してしまうぞ〟というとったらしいですね」と猪口力平氏は言う(18)。

十月二十八日の海軍省公表は、「悠久ノ大義ニ殉ズ忠烈万世ニ燦タリ」と言って、天皇のために献身したことにしている。そして戦後になると、「天皇のため」とは決して言わずに、関大尉も他の特攻隊員も、家族や同胞をふくむ民族のために死んだ、と言う。この「天皇かくし」の手口は、あらゆる戦死者、被害者について一貫しているが、特攻隊についても例外ではない。

「妻子を守るために闘う」という言葉を、非国民とののしった精神構造が、戦後には一転して、「なんと美しい」というような賞賛を（これまた大声で）あげさせるのである(19)。

下士官たち(20)

猪口・中島の表現で「全員双手を挙げて（特攻に）賛成」した下士官搭乗員を見よう。佐藤精一郎氏は、十九日の迎撃戦で被弾、不時着し、意識不明で病室に収容された。翌日、意識の戻った氏のところに、「高橋と宮原田がやってきて〃おい佐藤、お前、特攻隊にいくことになっておったんだが、お前の代わりに中野磐雄がいくことになったぞ〃というんです。私が関大尉の二番機ということまで決まっていたというんですね。私は、みんなが志願していたころは、まったく意識不明だったんです」

双手を挙げた全員の中に、意識不明の佐藤氏がいなかったのだけはたしかである。志願制の原則は、発起時から無視されたのではないだろうか。

猪口本では、第一陣のメンバーは、「可愛いくて可愛いくて仕方のない甲飛九・一〇期生の、特に玉井大佐の子飼いの『豹部隊』の中から選ばれた」とある。出身？　別に見ると、

元豹部隊　二名
元狼部隊　五名（鈴木大尉戦死の部隊）
元隼部隊　四名（留守中の菅野大尉隊）
元海南島　一名

気心の知れた親分のいない隊から選んだ感がある。元豹部隊は一二名中二名。玉井司令の苦衷を代

弁したつもりであろうが、美化も度が過ぎていないか。

玉井大佐については、のちにもう一度ふれることがある。

原則無視(21)

関隊の成功を見て、一航艦長官大西は二航艦長官福留繁に「特攻参加」をせまる。福留は「士気の低下せざることを保証するなら」という条件つきで、二航艦の参加を承知した。関隊成功の翌日十月二十六日である。大西は一航艦と二航艦を統一編成して、長官を福留とし、自分は参謀長に、特攻担当参謀に猪口中佐をすえた。さっそくその日の夕刻、クラーク基地の七六一空士官室に、各航空隊の司令以下飛行隊長以上の指揮官を召集した。美濃部正少佐の記憶では一五〇人以上が集まった。ほとんどが二航艦のパイロットである。

大西の副官をしていた門司親徳大尉（予備士官）は大西の言葉を再現して語る。

「……本日、神風特別攻撃隊が体当りを決行し、大きな戦果を挙げた。自分は、日本が勝つ道はこれ以外にないと信ずるので、今後も特攻隊を続ける。このことに批判は許さない。反対する者はたたき斬る」

一言を発する人もいなかった。私（門司氏）の感じたことは、長官の悲痛な言葉が、聞いている指揮官たちは……泌みこんではいないことであった。……私は違和感を感じた。……二〇三空飛行長の岡島少佐の顔は、明らかに長官の言葉に反撥している顔つきであった。

特攻の発起者自身が、特攻の大原則「志願」の無視を宣言したのである。しかも特攻成功の翌日に。志願も自発性もあった話ではない。

下士官の姿(22)

十月三十日、セブの大和隊は、大小空母計三隻を撃沈した(と思った)。夜、士官室はわき、中島(正)飛行長の音頭で、ビールの乾杯でさざめいた。直接掩護機の角田和男少尉(乙飛五期、特務士官)は細井中尉(直掩隊指揮官、十二期予備学生――この頃には予備士官とか特務士官とかの名称は廃止されていた。が、差別は厳然と続いていた。)とともに士官室を出た。角田氏は次のように語っている。


　ヤシの葉ぶきの掘建て小舎同然の搭乗員兵舎に近づくと、暗闇から、「ここは士官の来る所ではありません」ととめられた。顔見知りの二〇三空の倉田上飛曹で、私とわかると入れてくれた。わけを聞くと、「搭乗員宿舎の中を士官に見せたくないのです。特に中島飛行長に見られたくないのです」といいながら、ドアを開けた。空カンに廃油を灯した薄暗い部屋の正面に、一〇人ばかりが飛行服のまま、あぐらをかいている。じろっとこちらを見つめた眼が、ぎらぎらと異様に光っている。隅には十数人が一団となってひそひそ話している。

「これはどうしているのだ」

「正面にあぐらをかいているのが(明日の)特攻隊員で、隅のはその他の搭乗員です」

「どうしたんだ。今日、俺と一緒に行った特攻隊員は、皆明るく喜び勇んでいたように見えたんだがなあ」

「そうなんです。だが彼らも昨夜はやはりこうしていました。眼をつむるのが恐いんだそうです。いろいろと雑念が出てきて。それで眠くなるまであぁして起きているのです。しかし、こんな姿は士官たちに見せたくない。喜んで死んで行くと信じてもらいたいのです。朝、飛行場に行く時、皆明るく朗らかになります」

　何でこのようにまでして飛行長に義理立てするのか。

特攻初期で、意気さかんとされているころのことである。直接の上司だから、部下の心は知っている、と言うことが、いかに危険であることか。

志願するもしないも(23)

もと五〇一空の小沢孝公兵曹は、昭和十九年十一月初旬、セブ基地でクラスメートの室町正義上飛曹が来たのをみつけて話す。室町は一六期生のトップの成績ゆえに「特攻志願」をしたことを告げ「今では、志願するしないにかかわらず全員特攻なんだ」と言う。室町はレイテ湾に散った。

十一月下旬、マバラカット基地で、玉井司令が総勢わずか二〇数名の搭乗員に体当りをつのった。三、四名が「志願をこだわっていた」

司令は志願を促すように「君たちはどうするのか、決断がつきかねるかね」と言葉は軟らかいが、全員志願を迫っておられるようであった。中のひとりが答えた、「全員志願すれば、私たちも志願します」

「見たとおりだ。ほとんど全員志願をしているではないか、志願をしないのは君たちだけだよ」

三、四名は顔を見合せ、うなずき合った。

「それでは志願します」

室町兵曹の「特攻を志願するもしないもない、全員特攻だよ」の言葉が理解できた。

皮肉にも、翌日の特攻搭乗割は、例の三、四名をふくむ七、八名であった（小沢孝公『艦爆搭乗員青春挽歌』）。

体当り要員の急激な減少が、志願を有名無実化しているのが見える。

特攻隊員は死ね(24)

朝日隊の磯川一飛曹は、十月二十五日、敵を発見できず帰投中列機とはぐれ、グラマンと空戦、爆弾を投棄、やっと味方飛行場に不時着、機の脚が折れた。ゲリラの出没する道を徒歩で一ヵ月余りかかってマバラカットに戻った。もう一度特攻をやる気だった。十一月末ごろには、二〇一空搭乗員はすでに特攻出撃しなくなっていた。が彼は「特攻戦死が公表され二階級特進」になっていた。そのため何回も出撃させられた。

二〇一空が内地に引きあげることになった。磯川も輸送機に乗ろうと並んでいたところ、山本栄司令と交替した玉井浅一司令が、「磯川、待て。貴様は特攻で死んでもらわなければならない」と呼び止めた。磯川はただ一人、仲間を見送った。

結局、磯川は、その後特攻死がとり消されて内地に帰り、大村湾上空で戦死した。

上官の論理(25)

昭和二十年二月二十三日朝、詫間海軍航空隊で飛行隊長日辻少佐が、ウルシー泊地突入の丹二号作戦の神風特別攻撃隊菊水部隊梓隊の誘導機二式大艇三機三ペア三六名の隊員を発表した。誘導でも生還は望めぬ片道誘導であり、「特攻」扱いなのである。

この三機の梓隊員は神風特攻であり、諸子からの志願によって選抜をし、命令せらるべきであるが、さすれば、全員が志願するであろうと確信されるので、こちらからそのペアを発表する（長峯良斉『死にゆく二十歳の真情、神風特別攻撃隊員の手記』）。

上官が「全員志願すると思」えば「志願制」だという論理か？　上官（特攻員指名者）にとって都合のよいこの論理は、各所で使われた形跡がある。神風第一陣のセブ基地の国原少尉の「熱望」に対する中島中佐の返事がそれであるし（猪口・中島書、一一三頁）、陸軍航空特攻第一陣万朶隊の指名者、鉾田教導飛行師団長、少将・今西六郎たちも「志願者を募れば全員が志願するであろう。指名すればそれでよろしい」との論理のもとに、体当り反対の第一人者岩本益臣少佐たちを指名するのである。そして、このような指名に、拒否権は事実上なかった。それは言語形式主義にとっては「志願」になるのかもしれないが、常識的には指名制または強制であろう。とにかく、これが「志願」なり「指名」なりの実態の平均値であると私は思っている。

この長峯の回想は、なによりも正直で誠実であり、特攻隊員の心理についても直截で、納得させられる。また、片道誘導なので、収容の潜水艦が出ているとか、メレヨン島と連絡可能とか、ウソの気休めを上部が与えた事実とか、奇蹟的に生還した隊員を基地全員があたたかく迎えるさわやかな光景とか、特攻関係として貴重な事実が多い。

敗勢と腐敗

敗勢は腐敗を表面化させる。昭和二十年に入ると、戦勢は絶望的となり、日本軍の矛盾・腐敗が加速度的に表面化した。特攻隊について見れば、

(1) 特攻だけが唯一にちかい戦法となる。
(2) 機器の不足と性能の低下。
(3) 乗員の不足と練度の低下。ここに予備学生、予科練出身者の大量投入となる。
(4) 志願制は、ほとんど無実化、または完全に消滅する。
(5) 海兵出身者の温存に対する予備学生、予科練出身者の怒りが深まる。

急激に特攻隊員中の比率を高めてゆく予備学生について、数字的に見ておこう(26)。

昭和十七年一月採用の第一期予備学生総数は三七八名。そのうちから第一〇期飛行専修予備学生となったのは、操縦・偵察各五〇名ずつ。昭和十八年九月三十日任命の第一三期飛行専修予備学生は四七二六名。物資、とくに燃料油も欠乏し、練習機教程の卒業時飛行時間が、一二期までは平均一〇〇時間以上なのに、一三期になると三〇時間足らず。この粗製濫造の搭乗員たちが、同様に粗製濫造の一四期とともに、特攻の主力とはなる。

一例をあげると、昭和二十年三月二十八日編成の第一三筑波隊の構成は、

兵学校出身者　二名

予科練出身者　　　　　　　五名
予備学生出身　　　一〇三名
（一三期一八名　一四期八五名）

このような消耗品化が、死地に入る者にとってどう受けとめられたかを、送り出すエリートたちの特攻員に対する扱い方とともに、以下に見よう。

上官荒廃

林誠氏は次のように語っている。

真鍋（正人、海兵七二期）大尉は、特攻隊に予定されている下士官の前で、〝オレは兵学校では成績がよかったから、早く航空参謀になれる。だから、ここじゃ死ねねェんだよな〟といいふらす。永仮（良行、海兵七一期）大尉は、下士官を女の前でぶん殴ってみせて、〝そんなに命が惜しいか。命のいらない搭乗員は、内地にはいくらでもいるんだ！〟と意気がってみせる。……私も村上飛行隊長（武、海兵七〇期）とやりあったことがあるんです（自分も淋病のくせに）、性病の下士官をイジメ抜いたからです[27]。

時期はやや後になるが、第一期予備学生の蝦名賢造氏の体験を聞こう。

鹿屋基地が空襲されはじめた五月ごろ、八〇一空のある兵学校出身の士官などは、まっさきに美保基地に転勤した。たまたま飛行機発進の直前に敵機の空襲があり、一式陸攻は炎上した。その被爆炎上の機内から引越の家具類、ならびに砂糖などの生活物資がごっそりとあふれ出てきた。見守っている兵も、予備将校たちも啞然とした。この海軍中佐は色青ざめ、皆の見舞いをうけて……去った。

八〇一空の飛行艇隊のなかでも兵学校出身の搭乗員分隊長が、危険な夜間偵察飛行には第十一・十二期出身の搭乗員（予備学生――小沢）のみを飛ばせ、自分は地上で安易に指揮していることへの批判が、攻撃にかわりはじめていた(28)。

これらが、海兵出身エリートたちすべての姿ではけっしてなかろう。が、一部であるにせよ、死にゆく若者たちの心を最も傷つけたことはまちがいない。

これで志願！

恐縮だが、既出の例を再掲しよう。昭和二十年二月、富高基地（教育隊）で、中練特攻隊員の募集がおこなわれた。

先任分隊長が募った。が、実用機に乗れる技術でないヒケメと「中練」がイヤで、誰も申し出なかった。先任分隊長は蒼白な顔でどなった、「誰もいないのか、誰も！」係練習生がやっと手をあげて、ばらばらと手があがりはじめ、やっと全員の手があがった。先任分隊長はようやく安堵した顔付になった。少年たちは、せめてゼロ式練戦でゆきたいと思った(29)。

これより一〇日ほど前かと思われる二月八日に、おなじ富高基地での予備学生に対する特攻隊員募集は、自発性を尊重して、紙に書かせておこなわれている(30)。

第十四期飛行専修予備学生のうち、土浦航空隊から北浦航空隊へ入隊した一〇〇名には、二月二十日、空襲で避難分散中に、分隊長佐波大尉から特攻隊員応募用紙（一五×一〇センチ）の配布をうけた。九九名が署名提出した(31)。

予備学生に対する方は、さすがに一応は志願の形だけとらせている例が多い。予科練生に対しての方が高圧的であり、「全員志願」の状況を強引につくり出している。そしてどちらにせよ、一度「諾」と言ってしまったら、公式記録に「志願」とされ、のがれるすべはない。形式をたてにとる悪徳業者か詐欺にひっかかるのと同様である。

昭和二十年四月十五日、工藤嘉吉二飛曹が鹿屋の下宿に、深夜脱柵してやってきた。下宿の娘さん（現姓江森）はこのときの模様を次のように語った。

> そのうちに、ぽろぽろ涙を流して泣くんです。「明朝出撃なんだ……俺、死にたくない」……母が「死にたくないんなら、なぜ特攻隊になんか志願したの」「仕方ないんだ。大村空の全員が志願したんだから。それに俺たちが行かなけりゃあ、奴らの飛行機が爆撃に来る」。彼は翌日元気に発進したという(32)。

おさない人たちは「仕方ない」から行ったのである。

おそらくはおなじころ、夜間攻撃の特殊訓練にうちこんでいた美濃部正少佐は、隊員を叱咤した。

「貴様ら、これができないと特攻に入れるぞ」

全員が特攻を志願したのならば、ありえぬ言葉である。

志願なき特攻隊

三月末のウルシー第二次攻撃を命ぜられた第四御盾隊は、すしを主体とした航空弁当をもらい、特攻機「銀河」の下で一週間ほど待機させられた。夜、兵舎に帰ると、一同は酒につぐ酒で、深夜まで酒をあび続けた。たとえ疑似志願であっても、志願という形式を踏ませていれば、これほどのことはなかったであろう。しかも第四御盾隊員は、ある日突然、隊長から一方的に抽出された人ばかりである。酒にまぎらわせるしかすべがない気持であったろう。兵舎の入口に、「立入無用」の（意味の）看板を掲げ、巡検さえもシャットアウトするという勢いであった。仮に軍規をふりかざして立入る者があれば、おそらく発砲さわぎが起きたにちがいないほどの雰囲気であった……隊長でさえおそれをなして近寄らない（れなかった）(33)。

以上が平木国夫氏の回顧である。予科練出身者の回顧であるが、予備学生もいたものと思われる。笠井智一氏も次のように証言する。

　わたしの場合、「特攻隊にゆく希望者は手を挙げ」といわれたことは一度もない。全員が特攻を志願するという前提のもとに、司令部から指名できよりました。……出撃する番を待っていた連中は「殺すなら早く殺してくれ」ということをさかんに言うたものです(34)。

沖縄戦初頭以降、「元山空では、特攻隊は志願ではなく命令であった。……毎朝六時の総合集会で海軍体操の後、青木司令や飛行長から……の発令『以下の者は特別任務に服する』というのが特攻隊出撃を意味した。……四月から五月にかけてほとんど毎日のように……発令された」(35)。

志願なき特攻の例は多すぎるほどである。

戦果は不要

昭和二十年四月十六日、国分基地で、大西のいわば後任の宇垣長官の言葉が終ったとき、筆者岩井勉の筑波空での教え子の準士官が、長官に質問した。

「本日の攻撃において、爆弾を百%命中させる自信があります。命中させた場合、生還してもよろしゅうございますか」

長官は即座に大声で答えられた。

「まかりならぬ」

（この準士官は未帰還となった）(36)

私には宇垣が正気とは思えない。これが全海軍特攻を（この段階では陸軍特攻も）指揮した長官かと思うと、こんな血迷った人間が指揮をした日本の下級将兵のみじめさに胸が痛む。アメリカ側は、日本軍特攻機を suicide plane（自殺機）と呼んだが、これでは「他殺機」ではないか。

予備士官あわれ

当時特攻隊員付き報道班員だった戸川幸夫氏は回顧する。

新竹では、部隊ごとに特攻命令が下されていた（志願ならば個人単位のはず――小沢）。隊員の多くは、二十歳から二十三、四歳ぐらいの……学徒兵だった。彼らは死生一如の心境になり切ろうとしたが……無理で……出動命令を伝える甲板士官……が走ってくると、皆の顔色が変わった。雨が降ると敵の機動部隊が接近してこないので、「あーあ、今日一日、生き延びたか」と叫ぶ者もいた。

飛行機の数も少なくて、かつボロだった。それを整備兵が夜も眠らずに整備する。そんな飛行機だから故障も多く、途中から引き返してくるのもあった。そんなとき上官は、「卑怯な行動である」と叱った。ある日、卑怯者呼ばわりされた一人の特攻隊員が、「ようし、明日は敵が見えなくとも突っ込んでやる」と泣きながらわめいていた。次の日、とうとう彼は還って来なかった。そんな思い出ならいくらもある(37)。

予備学生たちの練度は低かった。第一四期甲飛練出身当時一飛曹市田謙三氏の目撃談。

五月下旬のある日、鹿屋基地で、艦上攻撃機が単機で特攻に出撃するのを見送っていると……ふらふらしながら滑走をはじめたが、ついに飛び上ることができず、飛行場の端で大音響と共に爆発してしまった。……この隊員は若い予備学生出身の搭乗員で……飛行訓練時間の短縮がもたらした悲劇であった(38)。

憤　激

特攻隊員が本音を書いたごく少数の遺書が残された。二十五歳の林憲正中尉は四月に書き残した。

私は帝国海軍の為には戦わない。私は国の為や自分のプライドの為ならば死に得るけれども、帝国海軍の為には絶対に戦わない。私は帝国海軍を憎む。……帝国海軍は江田島出身の一派により牛耳られている(39)。

林中尉は終戦直前の八月九日、第七御盾隊として未帰還、戦死する。

第一四期飛行専修予備学生出身杉山幸照少尉の怒りもくらい。

特攻隊員のほとんどすべては、予備学生と予科練生である。……隊員の宿舎の屋根は、穴だらけで、雨水が飛び散り、雨を避けながら、隊員たちは部屋の隅にかたまって仮眠した。出撃前、特攻隊員たちと親しく語り合ってくれた参謀が、一人でもいただろうか。「すまんが死んでくれ」と頭を垂れた参謀が一人でもいただろうか。隊員宿舎は陰気臭いので、窓の傍にさえ誰一人、近寄らなかったではないか。……予備学生は、軍人精神がまるでなく、飛行技術も未熟だとののしられながら、離陸すらやっとの整備不良の零戦で出撃させられた。鹿屋基地で、出撃の順番を待つ同期の人たちの、ひきつった蒼白な顔を、今でも一人一人思い出すことができる。……友らは、気力だけで飛び上ったのである……学徒たちは紙屑のように殺された。

私（杉山氏）が許せないのは、戦没者の慰霊の際は必ず出席し、英霊にぬかづき、涙を流し、今となって、特攻隊員の勇敢さをほめたたえ、遺族をねぎらっているあの偽善の姿である。階級が参謀だからといって、あのような連中を、いまだに招待している主催者たちの無神経さと非常識には、あきれ果てている(40)。

林・杉山両氏の怒りは予備学生出身者の相当数が共感するところであろう。

崩　壊

自発的志願を強調している猪口・中島でさえ、「沖縄戦期には、志願とは形式のみで命令に近い志願で特攻隊員となった一部のものも」あったと認めざるをえない。本書中でこの個所はもっとも簡略で、説明も事例もなく、歯切れも悪い。本書の「志願論」は特攻初期の、上から見た表むきなのである。「表むきは、みな、つくったような元気を装っているが、かげでは泣いて」いたのである。下から見た戦争末期の特攻隊には、それが志願だとしたらあるはずのない現象が表面化する。たとえば、上層部の露骨な海兵出身者温存に対する予備学生や予科練出身者の反感は、出撃前に噴出する。かれらは荒れた。「アナポリ、出て来やがれ……沖縄で戦っているのは予備学と予科練だけだぞ！」「俺たちは海軍のために死ぬんじゃねえぞ！　日本のために死ぬんだ！」(41)。突入特攻機の中には、最後に「日本海軍のバカヤロ」「お母さんサヨナラ」と打電したものもあったという。離陸直後に指揮所を銃撃したという話まで耳にしたときに、門司親徳氏は、「安全地帯にいて体当りを命ずることは、もうやめるべきではないか……ごく一部にでもそういう現象が起ることは、ちょっと堪えられない気持であった」(42)と思ったという。

以上の諸例が、軍の公式記録にとどめられたことは絶対にないだろうし、軍の威信とやらにしがみついている人たちから、厳然たる史実として認められることもまずはなかろう。自分たちが創りだした「美談」の改変はダンコとして拒むのが軍人精神というものらしい。自分たちと軍の威信にとって具合の悪い真実は、かれらは生理的に受けつけない。告別式の弔辞だけが故人の真実と言いはる偏執性を美徳としているのである。このような軍人たちの心性を考慮に入れないと、現代史は史料の段階から大きく歪曲されざるをえないだろう。敗戦で大本営はなくなったが、「大本営発表」の厚顔な精神は強靱に生き残っているのである。その典形例として奥宮論を具体的に見よう。

奥宮論再論

奥宮氏は「陸軍特別攻撃隊」なる一節を設け、陸軍を蔑視または誹謗している。私の気になったのはまず以下の三点。順序も文章も原文のままとする。

一、フィリッピン方面での航空特攻作戦を指導していたある師団長が「技量未熟者をもって特攻隊員を編成する」よう命令したといわれていることには驚いた。このように体当り攻撃を極めてやさしいものであると考えているかに見えるところに、特攻についての認識の不足がうかがえるし、搭乗員の心理に関する無理解さが推察された（一四三頁）。

二、わが海軍が大本営発表として神風特別攻撃隊員の氏名を敷島隊員の一回に止めたのに対し、陸軍側は、フィリッピン戦域に関するものだけでも十一回も発表していた。ここにも陸軍と海軍との間に、特攻に関する考え方にかなりの差があることが察知できた。そこで陸軍は必死を必中よりも重視しているのではないか、と疑った海軍関係者もいたほどであった（一四四頁）。

三、（沖縄段階に入ると）陸軍部隊では、特攻機の数が増加するのに伴って、特攻隊員への志願者についての調査が形式的になり、その時々の周囲の空気に押されて、止むなく志願した搭乗員がかなりの数に上っていたようであった。また一たび特攻隊員に任命されたのちは、それらの将兵が、出撃するまでの間、生き神様であるかのように特別な待遇を受けていたために、彼らとそうでない人々との間に、見えない精神的な溝ができていたともいわれている（一四五〜一四六頁）。

二、三は伝聞の形をとっている。自分が賛成でもない伝聞をもち出すことはないから、奥宮氏自身の意見と見ざるをえない。

三の後半分が事実のようである。海軍では特攻隊の相当数を「神様のように」どころか、「紙屑のように」扱い、出撃前に話をしにきた参謀の一人もいなかった、のであるから。すこしも褒めたくなる差違ではない。せめて人間らしく扱ってほしかった、と思うだけである。

一、二、三について、それぞれに私が反論する必要はあるまい。私の挙げた諸例と見較べていただければ、メクソがハナクソを嗤うと言う私の評が、過言でないことは、納得していただけるはずである。私の挙げた例を奥宮氏が「知らなかった」と言うならば、そんなことも知らないで特攻隊について論じよう（と言うより、教えてやろう、という姿勢が濃すぎる）とすることが、まちがいであろう。

また「まえがき」で、「予備学生が極めて短期間の海軍生活の経験しか持たなかったのに、他の将兵と同じく、率先して命を捨てたのはなぜか」という質問形式で言っているが、「予備学生が極めて短期間の海軍生活で技量も未熟なのに、海兵出身者以上に、命を捨てさせられたのはなぜか」と言いなおした方が、より問題を正確にとらえられるであろう。

異常のとき

海軍はまず特攻を発動したこともあって、その弁明も多いが、気になるのが、異常の状況だから異常の措置をとった、という論法の多いことである。猪口・中島書は「文字通り刀折れ矢尽きた……日本史上未曾有の異常性」が「特攻や一億玉砕の気構えの」因と言う（三五一頁）。また、巌谷二三男氏は「(特攻を) 平静な状況にあって、冷ややかにこれを批判すること自体に誤りがある……到底問題にならない戦法を計画し、実施したことについて、平和になってから世人は『狂信的』になる名言を発明して……(あざける)。もし狂信的というならば、戦争行為そのものが狂信的なのである」(『中攻』下、二四五頁)。福留繁は「(特攻は) 戦時特異な環境下における特異な戦場心理の下に生れたもの」(『海軍の反省』一七八頁) としている。奥宮説は前述した (第一章の「奥宮論に対して」本書一七頁)。

これらの論法には反論せざるをえない。

(1) 戦争が異常な状態であることは確かである (われわれの世代には「日常」であった) が、軍人とはその異常な状況に備えて養成され、一般人を見下すだけの社会的優遇を受けていたのではないか。戦争のプロなのではないのか、勝ち戦さしかプロは考えなかったのか。

(2) 戦況が異常な不利であったこともたしかである。が、そのような状況で、平静に、ムダな被害を減少する方策を把握するのがプロの軍人――とくに将たる者の存在意義ではないのか、参謀たちの役割ではないのか。火事が燃えさかるとき、一般人同様に慌てふためく消防士にプロの資格はない。

(3) ましてや、見通しもなく、一般人に (予備学生と読んでほしい) 消火作業を命じ、最も危険な個所に行けというならば、どうであろうか。

(4) 最初の見通しの誤りは仕方ないとも言える。が、効果がなくなっているのに、強行させたことは許せない。それは「異常な」愚かしさである。

(5) 愚行を反省もせず、もちろん謝罪もせず、正当だった、仕方なかった、と戦後まで言いはることは、死者への鎮魂になるであろうか。「異常」への責任回避や責任転嫁は、それをする人（たち）の名誉を守りはしないであろう。

勝ち戦さの功績は自分（たち）のものとし、悲劇の責任は「異常」と言ってすむなら、軍人くらい気楽な職業は世の中にあるまい。

3 陸軍特攻隊の場合

発　起

陸軍の航空特攻については、最初からスッキリしないものがつきまとう。

第一に、体当り戦法採用の責任の所在がアイマイである。生田惇氏は「参謀本部はついに体当り戦法の採用を決意した」と言って、すぐに、昭和十九年三月二十八日の陸軍航空関係最上層部の人事交替を記すが(43)、この新任の人たちが特攻採用を決めたということらしい。多摩陸軍技術研究所長、中将・安田武雄、航空総監兼本部長、大将・後宮淳、航空本部次長、中将・菅原道大の三名は、決定者なのか推進者なのか？

海軍の場合は、一航艦長官大西滝治郎が、海軍中央の責任を一人で背負いこんで現地で発起し推進した。武将の資質であろう。陸軍の場合は、特攻の採用だけは海軍実施の七ヵ月も前に決定され、航空本部長の後宮淳はすぐに、第三航空技術研究所長、少将・正木博に、特攻兵器の開発の研究を命じている。完全に計画的であり、「下からの自然発生」とは言えぬ。そして、その責任の所在も、海軍に比してアイマイである。その決定のやり方も、生田氏の叙述にも、官僚臭さを感ぜざるをえない。

第二に、生田氏は、編成方式を「志願」としたことを述べ（四三頁）ているが、その主張者の名は、敗戦直前に航空総監になった阿南惟幾しかあげていない。知りたいのは主張者、決定者の名であって、後継者の名ではない。

それに関連して、「志願か命令か」の争点は「天皇に裁可を仰ぐか否か」であったと説明している。特攻専用兵器の開発をすすめ、体当り戦法採用までを決めておいて、「天皇に責任を負わせぬために」志願制としたとは、タテマエをホンネに優先させたとしか思えない。「志願制だということ」に決めれば、だれひとり責任をとらなくてすむのである。

公式戦史『比島捷号陸軍航空作戦』(44)を見ても、アイマイである。これも生田氏が筆者であったとすれば、分らない理由がよく分る。

万朶隊結成

十月四日、航空総監部から体当り部隊編成の内連絡を受けた鉾田教導飛行師団長今西六郎少将は、次の所見をいだいていた。

体当り部隊の編成化は士気の保持が困難で統御に困り、かえって戦力が低下するだろう。……常時編成しておく主旨は、使用機種慣熟、強固な団結保持のためであろうが、機種は特別慣熟を要するとも考えられないし、また団結はかえって破壊されるだろう。

今西少将は師団の幹部を集めて、特攻員の選出方法について意見を求めた。結論は「志願者を募れば、全員が志願するであろうから、指名すればよい」。今西少将は、岩本大尉以下二四名を「万朶隊員」に指名した。志願したものは一人もいなかった。とくに岩本大尉は九九双軽のベテランで、体当り攻撃反対の第一人者であった。鉾田には体当り反対の空気が強かった。陸軍上層部は、最初の体当り要員をこの鉾田に割当て、今西師団長は岩本大尉以下を指名したのである。中央の参謀本部では、鹿子島隆少佐が特攻の最強硬な主張者であった(46)。

使用機には、万朶隊には九九式双発軽爆、同時に浜松で編成された富嶽隊には四式重爆「飛竜」を、ともに体当り用に改造してあったのをおしつけた。機首から三メートルもの起爆管が昆虫の触角のようにつき出たもので、どうせブツかるのだからと、無線機、副操縦士席、機銃、機関砲をとりはずし、風防はほとんどベニヤ張り。九九双軽には一個、飛竜には二個の八〇〇キロ爆弾が固着してある。岩本隊は、現地で、独断で（軍規違反を承知で）、その固着爆弾を投下可能に改造した。四航軍司令官富永恭次の航空戦についての無智と虚栄心のおかげで、岩本大尉以下万朶隊の将校全員五名は、昭和十九年十一月五日に撃墜されて全員戦死するが、のちに佐々木友次伍長の事件――投弾しては帰還――が起るのは、投弾可能に改造してあったからである。岩本隊のどこにも「志願」の事実は一片だにない。体当り反対の事実だけがある。その岩本らを最初の体当りに指名したのは、陸軍最初の体当りを成功させたい功名心と、体当り強硬論者が、部内の体当り反対論を封殺するためであったと思わざるをえない。

福島尚道氏は、「岩本大尉が体当り反対の第一人者であったから、逆に志願ということにして突っ込ませてしまえば、あの岩本大尉でも体当りしたのだ、ということになって、特攻を出しやすくなると参謀の鹿子島少佐らが計算したのではないか」とされる(47)。

特攻は志願制と強調する生田書（八一頁以下）は、この陸軍初の体当り部隊が、指名された体当り反対論者であることなど一切ふれずに、よろこんで体当りに任じたかのように書き、「この後鉾田で多くの特攻隊が編成されたが岩本隊長以下の無念を晴らすというのが合言葉のようになった。岩本隊長以下……もって瞑すべし」と言っている。

岩本大尉の盟友福島尚道大尉の、陸軍特攻の技術上の推進者正木博技術少将への、昭和四十年八月八日付の手紙(48)（高木書・四七〇頁以下に全文がある）を見よう。

「……『特攻隊員を冒瀆する』という戦死者の英霊を盾として自己を弁護し、真実を闇の彼方に葬り去ろうとする事は、鉾田関係者は承服できません。≪特攻隊員は志願では絶対なく、全くの指名であった。……万朶隊長岩本大尉も、富嶽隊長西尾少佐も、特攻攻撃には全く反対であり、命令には服従したが、忿懣やるかたなかった≫という事実は、抗弁の余地のない真実でありますが……」「隊員たちはそれが体当り機であることも、機の構造機能も何一つ知らされずに戦地に送られ、万朶隊は嘉義（台湾）で、富嶽隊はフィリピンで初めて、しかも便乗者を装って来た阿部少佐に言渡されてわかったわけです。何という卑劣な仕打ち、だまし打ちにも等しいやりくちですか」

そして生田書では「奮いたった」ことになっている鉾田基地の生き残りの間では、戦後現在にいたるまで、特攻の真相を究明し訴える動きがつづいているのである。無論、指名―強制の真相であって、生田氏の強調する志願の真相ではない。

万朶隊とともに編成された重爆「飛竜」の富嶽隊についても、事情は万朶隊とほとんど変らない。隊長の重爆のベテラン西尾常三郎少佐は、性能も防禦力もメチャメチャに低下した体当り専用機での特攻に反対であったし、隊員のだれも「志願」などしてはいない(49)。

海軍特攻のトップ関大尉には、志願はなかったが指名への承服があった。陸軍特攻隊の最初には、指名への憤りだけがあった。

当人が知らない志願(50)

陸士五七期の長幹男、津田昌男、玉田進の三少尉は鉾田の乙種学生であったが、長・津田が四航軍に、玉田が飛行第二〇八戦隊に配属を命ぜられた。昭和十九年十一月六日、三人が浜松の教導飛行師団にゆくと、体当り用九九式双軽が三機準備してある。津田は第四輸送隊長にたずねる。

「われわれは特攻隊ですか」

輸送隊長は、はっきりと否定した。

「いや、輸送するだけだ」

三人がフィリピンのリパ飛行場に十一月十日に着いたときには「特攻要員」になっていた。内地出発前にきまっていたのだと言う。

志願は形式さえもない。当人が知らぬ間に体当り要員になってしまっている「志願」というものはないだろう。常識では「強制」とか「欺瞞」と言う。

佐々木友次伍長の生還(51)

十一月十二日、陸軍最初の体当り攻撃が実施された。万朶隊の生残り下士官の三機、四名である。大本営は十三日にこれを発表した。ところが、その中の佐々木友次伍長は生還していた。岩本大尉の部下だった彼は、体当り攻撃を否定し、生きぬき闘いぬく肚をすえていた。かれは出撃、投弾(命中しなかった)、他の基地に帰投してから出撃基地にもどった。第四航空軍師団参謀長猿渡大佐らは困惑する。特攻隊としての戦死を上奏、公表してしまっていた。天皇に上奏したことは正確でなければならないから、佐々木伍長が生きているのはまちがいということになる。佐々木は次の体当り攻撃に加えられた。今度は見事に爆弾を命中させて戻ってきた。殊勲甲であろう。が、猿渡にとっては、上奏へのツジツマ合せの方が重大事であった。次回からの特攻攻撃に佐々木はまたまた加えられ、またまた活躍して戻ってきた。

第八六飛行場大隊の整備中隊の景家伍長は、リパ飛行場からマニラの空軍司令部へ行ったさいに、佐々木伍長が富永司令官から「死」を命令される光景を見たと言う。問答は、

「きさま、それほど命が措しいのか、腰抜けめ!」

「おことばを返すようですが、死ぬばかりが能ではなく、より多く敵に損害を与えるのが任務と思い

ます」

「馬鹿もん！　それはいいわけにすぎん。死んでこいといったら死んでくるんだ！」

「はい、佐々木伍長、死んで参ります！」（友清高志『ルソン死闘記』、七三頁）(52)

この富永司令官は猿渡参謀長のまちがいであろう。とにかく佐々木は「死」を命ぜられたのである。目標もないのに単機出撃が命ぜられたり、ついには、地上部隊による暗殺までの危険性が高くなり、佐々木ファンの連中が佐々木の身辺の警戒に当るまでになる。アメリカ軍の急進撃と四航軍の潰乱、司令官以下幕僚たちの「敵前逃亡」のおかげで、佐々木はフィリピン地上部隊の一隅に、奇しくも生き残った。稀有の生証人である。

志願制が形式的だけでもあったならば起りようのない上述の佐々木事件は、同時に、当時の軍上層部とくに参謀クラスの心性――かれらの言う「軍人精神」のなにものかをも示している。自家製軍国美談（これが上奏や公表の内容）をデッチあげ、ツジツマが合わなくなると（その原因は、志願の形式もぬきで特攻隊員を指名し、出撃させたあとはなんの確認もしないで上奏・公表した連中自身にある）、なけなしの飛行機とかけがえのない練達の勇士を文字どおりムダ死しろ、と強圧する。敵への打撃を第一義とすべき参謀が、戦功ある練達の勇士のムダ死に狂奔する。敵側から感状がもらえそうな「利敵」行為ではないか。

そして敗戦後の昭和二十一年一月十八日、やっと生きて帰国、第一復員局にたちよった佐々木は、四航軍担当の元参謀長猿渡と再会した。猿渡は自分が殺そうとした佐々木に、反省や謝罪の言葉の一片だに発しない。佐々木事件を筆者高木に問われた元第四飛行師団通信参謀少佐辻秀雄の説明たるや、まさにヒョウタンナマズの猿渡弁護である。

この佐々木事件への納得ゆく反論がないかぎり、陸軍特攻の志願論は一切の説得力を失うであろう。生田書でも（八七頁以下）ただ佐々木の生還を述べているだけである。志願したはずの佐々木伍長のたびたびの勇戦と生還についての説明はどこにもない。『比島捷号陸軍航空作戦』には佐々木の名さえ見当らない。

みせしめ

特攻隊として出撃しながら、種々の理由で――機器の故障、敵影なきやむなき帰投、生への執着――戻った人たちに対する上層部、とくに参謀クラスの態度や処置を見よう。侮辱、叱責、そして懲罰としての再出撃、みせしめとしての自決や事故死がフンダンに見られる。「志願制」ならありえないことである。

昭和十九年十二月十八日ごろ、特攻隊の出撃を見送る富永司令官の前で、一機が離陸に失敗した。操縦の若い軍曹に富永がどなった。

「特攻隊のくせに、お前はいのちがほしいのか」

代替機ですぐに出るかれは富永に申告した。

「田中軍曹、ただいまより自殺攻撃に出発いたします」(53)

昭和十九年十二月三十一日、カローカン基地の病院にマラリアで臥せていた佐々木伍長と出丸中尉

――二人とも特攻出撃からの生還者――のところへ「足音もあらあらしく、師団の参謀が入ってきた」。かれは軍医の制止も無視し、ベットに寝ている出丸に、「命令だ、今からすぐ出撃せよ」とにらみつけた。病後の出丸は、胸もとをつかんで引起こされて、しばらく参謀の顔をにらんでいたが、「よし死んでやるぞ」と泣くような必死の声で叫んだ。

その出撃は出丸ただ一機で、いわば処刑飛行であった(54)。

エリートも迷う(55)

村上兵衛氏と幼年学校・予科士官学校同期の若杉是俊は、予科も航空士官学校も首席で通し、まっさきに特攻隊を志願した。その志願のときには、申し出る若者の決意の表情のかげには、ある暗さがただようものであるが、村上氏はこの若杉を評して次のように回顧する。

若杉だけは、じつに晴ればれとした顔つきだった、と志願の場にあった先輩から聞き、そのほかの誰であっても疑うが、若杉なら……と思う。若杉が昭和二十年一月ミンドロ島沖で突っ込んだ大本営発表を新聞で見たとき、ショックは受けるが、若杉なら、と思う。

だが、戦後村上氏は同期生からその最後を聞かされる。

若杉は、フィリピンに飛び立つ前夜、台湾の高雄で、同期生の姿を探し求め、歩兵連隊にいたその男を一晩中はなさず、語りつづけ、最後に、「今まで、俺は天皇陛下のため、お国のためと、言いつづけてきた。自分でも、それを信じ、いや信じていると思っていた。しかし、その言葉にはどうも本当でない部分がまじっているような気がする。……俺は、そのことを誰かに言い遺しておきたかったんだよ」　その心根を想うと、私はあわれでならない。
たてまえ的美化に無縁の村上氏の回顧は、非エリートの多くの特攻隊員たちのあわれさを、そのままに推察させてくれる。

陸軍予備学生

航空士官学校出身の川口氏は、予科同期の村上兵衛氏に回想した。

飛行場（石垣島）を舞いあがるとすぐ、僚機が黒い煙を引き出した。（一所懸命に）爆弾を海にすてて、いったん飛行場に引きあげるように相手にすすめた。しかし、僚機は、重い爆弾を放そうとしない。それを大事にかかえたまま、飛行場に戻ってきた。そして、その重さで操縦をあやまり、飛行場への進入直前、松の梢に引っかけて地上に激突、轟然と爆発した。（私が）いそいで着陸して駈けつけたときには、肉片ひとつ残っていなかった。

あとで知れたことだが、彼はその前の出撃のとき、エンジンの調子がおかしい、と言いたてて、飛行機を降りた。じっさい、戦争末期の飛行機はひどいものが多く、故障だらけだった。まして特攻隊として出発するときは、神経が冴えかえっているから、わずかな故障にも敏感なのだ。しかし、彼はその夜、参謀に呼びつけられ、「卑怯者、生命が惜しいか」と殴られている。

この学徒出身の僚友は、二度目の進発で、たとえ故障が明らかでも、もう降りるとも言えなかったし、爆弾を海に投じて帰ってくるわけにはいかなかったのだ。……当時の軍の上級指揮官は、しばしば青年士官を、このようにして殺した。……事故のあと始末をして……自室に帰ってみると、いま死んだ僚友のお守り袋がぽつんと、寝台に投げられてあった。

そのころの上官、指揮官たちには、煮えくりかえるような思いをしたことがずいぶんある……(56)。

そのようなころの鹿屋基地の一風景を見よう。「陸軍航空参謀（たち——小沢）は、海軍の第三種軍装を着用し、私たち報道班員を集めて、『いまや陸海軍一体の特攻戦法あるのみ』とうたいあげ、記念撮影をして、新聞に掲載しろ、という」(57)ハシャギぶりである。陸海一体どころか、陸軍・海軍の上下でさえ割れてしまっているのに。

参謀たち

沖縄戦期には、帰還者は増え、参謀クラスの狂態も激化した。どちらも「志願制」ではありえぬことである。生き残った隊員たちの証言や高木氏の調査を見よう。

河崎広光伍長の証言では、大櫃茂夫中尉以下一二名も、吉羽少尉以下一二名も、ともに全員が完全な命令＝強制であった。この吉羽少尉は出撃を忌避し、六航軍参謀少佐（氏名不明）になぐり倒された。その後の吉羽は、「多分軍法会議にまわされたでしょう……生きているかどうか……死んだとすれば、軍法のもとに殺されたでしょう」(58)。

昭和二十年五月十日、陸軍航空士官学校五七期の桂正少尉以下八名の特攻隊員は、知覧基地で、作戦参謀田中耕二中佐から口ぎたなくののしられた。

「(こんなボロ)飛行機に平気で乗ってくるお前らは、それでも操縦者なのか、そんな不忠者は

……」(59)

八機のうち五機が出撃不能なのは、操縦者のせいではなく、老朽機を与えられたからである。使いふるした九七式戦闘機だったからである。桂以下三名が出撃し、五名は六航軍司令部のある福岡へ、代機を受領にいった。

倉沢参謀少佐は、机の上に長靴の足をあげたまま、「貴様たち、なんで帰ってきた？」とおうへいに言った。五名は「振武寮」という特攻隊生還者収容施設に放りこまれる。寮内では自殺者も出た(60)。

川崎渉少尉は、三度「生還」し、参謀からなぐられ、「貴様のような臆病者は、軍法会議にかけてやる」とどなられ、五月十日に故郷の隼人町郊外で「不慮死」した。自殺である。かけつけた両親の切願にもかかわらず、遺体は渡されず、お通夜もできなかった(61)。

五月二十八日、徳之島に不時着して五五日目に帰還した竹下、島津少尉ら五名の申告に対し、司令官中将菅原道大は言った。

「貴官らは、どうして、生きて帰ってきたのか」。それから一時間以上にわたって、ねちねちとした調子で、訓示し、叱った。

五名は「振武寮」に入れられ、外出禁止で、毎朝倉沢参謀がきてはののしった。

「死ねないようないくじなしは、特攻隊のつらよごしだ、国賊だ」(62)

沖縄戦期になると、司令官も参謀も、特攻隊に求めているものが、戦果ではなく、ムダ死でもいいから「死」であったことがわかる。生還者は急増していたのである。だから機器の故障でやむをえず戻った人たちまでが、臆病者や国賊に見えるのである。「志願制」であったら、こんなことはたがいにあるはずがないだろう。

そして、やむをえぬ生還者への嘲罵が、どれほどに若者たちの心をきずつけたことか、その当事者たちは気づいてもいなかったらしい。陸軍ではなく、海軍の回天関係のいたましい例を横田本から見よう(63)。

昭和二十年五月下旬、イ三六潜で出撃予定の池渕中尉以下六名の回天の連合訓練がおこなわれた。六名は全員、機器故障で戻った人たちであった。訓練成績がよくなかったので、先任将校がどなる。「いつの出撃でも、一本や二本、オメオメ帰って来る。……はち巻きをしめ、日本刀をかざし、得意になって出てゆくだけが能じゃあないんだぞ。……スクリューが回らなかったら、手で回してでも、突っ込んでみろ」

横田は激怒する。「恥ずかしいといって、こんな恥ずかしい思いをしたことが、二十年の生涯の中にあったろうか」と。

直後に、池渕中尉は泣きながら隊員に言った。「あれが彼らの本心なんだよ。こんど、どんなことがあっても、ひとりももどってくるな……命が惜しくって、自分で回天をブッこわしたくらいにしか考えてないんだ……俺は、もしも故障をおこしたら、艦長を脅迫してでも発進するつもりだ」

若者たちは泣いてくやしがる。

「ようし、死にゃいいんだろ、死にゃ。戦果よりなにより、送った人間がもどってくるのが、そんなに気に入らねえなら、だれが戦果なんかあげるもんか。かってに自爆でもして死んでやらあ」

死にそこなった若者の胸の傷に手をふれるような心なさ。先任将校の意図が奮起をうながすにあったにせよ、なにひとつよいことがなかったのはたしかである。みずから死のうとしている若者へのいたわりの心ももてぬ上官、そのような人が、戦後になって、特攻隊員の自発性や立派さをいくら大声で賞揚しようとも、かれが戦中の自分の汚行をハッキリと反省・公表・謝罪しないかぎりは、死者も生者も許す気にはなるまい。

戦意低下

指名で特攻隊にされた者の戦意は、たしかに低下していった。

知覧の永久旅館のおばさん吉永ミエは、昭和二十年四月なかばすぎ、特攻隊員の山北少尉をはげました。

「あなたがたがいてくださるから、日本は勝てるんですよ」

「おばさん、本当にそう思っているのか」

「それじゃ、戦争はどうなるんです」

「……負けだよ、おばさん、おれたち特攻隊は、死ぬだけのことさ」

学徒兵の山北少尉や宇野少尉の方が、軍司令官や参謀よりも、事態を正確に見とおしていた。

末期の、昭和二十年八月十四日の夜、ミエの旅館に十数名の特攻隊員がきた。

「おばさん、あした、出撃だよ」

（これはおそらくはウソだった。陸軍は本土決戦にそなえて、当時特攻の予定はなかったからである。が、ミエは知るよしもない。）

ミエは、感激はなく、気の毒にと思うばかりだった。

「久しく出撃がないと思っていたら、おれたちに番がまわってきた。運がわるいよ」「今さら行ったって、しょうがないのに」(64)

どこに「志願制」のかげがあるだろうか。

陸軍にあっても、特攻隊員は「志願制」だけでなかった。用紙に「希望」を書かせたことはあろう。全員が「熱望」と書いたこともあろう。全員が「高く手をあげた」こともあろう。椿恵之のように、ひとりずつ隊長に申告した場合もあろう。「熱望」と書き、手を高くあげ、「志願します」と言った人たちのすべてが、一時の決意でなかったか否かは確信できない。申告の直前まで「否」と思っていたのに、隊長の前ではフッと「諾」が出てしまった椿の回顧は(65)、当時の軍の雰囲気と若者の気持のあり方の一面を、見事に描いている。そして、それらのような形式的志願さえなかったケースも、多かったのである。

海軍をもふくめて、特攻隊員たちの遺書や遺稿の存在を理由に、自発性や志願の熱望を主張することは、それらが書かれた状況を無視しすぎている。特攻隊員として遺書を書いた長峯は言う、「(遺書は）それが必ず他人（多くの場合は上官——長峯注）の手を経て行くことを知っており、そこに……

『死にたくはないのだが』などとは書けない」(66)。

私も同世代の人たちの死を前にした言葉ぐらいは信じたい。が、死を与えられた若者たちの真情でさえ「美談」に反する部分は、絶対に許さなかったのが天皇制軍隊だったのである。

特攻隊たることへの自発性なり熱望なりは、それが存在したことは、高木著でも各所で認めているし、自分自身の経験からも、私も疑いはしない。が、全員志願とか「あくまでも志願制」などと言えるものでないこともたしかである。

陸軍特攻

陸軍特攻隊を検討して気づくのは、異常なまでの参謀クラスの現場への介入と、その介入の方向の異常さとである。

参謀は作戦の立案が本務であり、現場将兵への直接の指揮命令権はない。それは指揮官のものである。が、大モノぶりたがる各級指揮官は、参謀に事実上の指揮権をゆだねてしまい、参謀たちはその指揮権を恣意的に行使した。日本軍の指揮系統をふみにじったのは、実にこのような指揮官参謀たちであった。統率の責任のがれの場合には「参謀には統率権なし」というのがかくれみのになる。

そして、その指揮は、特攻隊については、その戦果よりも「死」に集中した。どんな死だろうと、かれらの欲しい「軍国美談」の素材になるものならよかった。若者たちに最終的に期待され要求され強要までされたのは、「壮絶なる死にざま」と後から言える各種の死であり、戦果や実効は二の次であった。海軍の大西に見られた「死の美学」への配慮さえなく、むきだしのツジツマ合せと点取主義が横溢している。

すべての参謀クラスがそうであったわけではない。私とても、少なからぬ、心ゆかしき武人を知っている。が、他人の生命の重さなど気づきもしないような手合こそが、実力者として各段階を切りまわしていたのが、敗戦期日本軍、とくに陸軍の実態であったのもたしかである。

そして私は言いたい。志願であれ強制であれ、多くの若者たちの最後のねがいは「有効に死ぬこと」であって「ムダ死したくはない」であった。バカ参謀どものように「なにがなんでも死ねばよい」では決してなかったのである、と。

4 「美談」の形成

昭和二十年八月十五日、日本は降伏した。一航艦長官宇垣纒は「最後の特攻機」として沖縄に突入した。特攻生みの親たる大西滝治郎は自刃した。神雷隊司令だった岡村基春も自決した。かれらを軍事能力において高く評価はできない。軍事能力の評価は苛酷なまでの結果論しかありえないのである。が、かれらは詫びて殉じた。多くの若者を死地に投じた胸の痛みがあった。特攻について生前一言の弁解もしなかった大西の遺書は、それを直截にもの語る。「特攻の英霊に曰す。善く戦いたり。深謝す……吾(われ)、死を以て旧部下と其の遺族に謝せんとす」

死をもって詫びるということは、若者に要求したのがかれらのホンネであったことを示す。かれらはみずからの神話に殉じた。殉ずることには、殉じられる対象の美醜虚実とは一応かかわりない捨身の美しさがある。軍事の領域においてよりも古めかしい「死の美学」の範疇において、かれらは日本の武人の死を踏襲した。

しかし、なにものにであろうと、詫びも殉じもしない生き方の方が圧倒的に多かった。

フィリピン四航軍司令官富永恭次、九州六航軍司令官菅原道大、ともに「お前たちだけを死なせはしない、わしも最後の特攻機で突入する」と若者たちに言いつづけ、戻ってきた特攻隊員には理由もきかず、「お前は命がほしいのか」「死なぬのは精神が悪い」と叱咤した二人は、まるで双生児のように生き残った。敗勢のフィリピンから敵前逃亡して、地上部隊兵士までの嘲罵を浴びても台湾で中央復帰を策した富永。八月十五日に、海軍の宇垣長官突入の報に応じた高級参謀鈴木京大佐から、「閣下も御決心を」と言われるや、当惑げに、ねちねちと、「あと始末が大事、死ぬばかりが責任をはたすことにはならない。それよりはあとの始末を」と言った菅原(67)。

若者たちには言い訳を一切許さず、「死ぬばかり」を強要した四、六航軍の参謀たちも見事に死なぬ理由を見つけだした。

敗軍の将と参謀たちの「あと始末」とは「兵を語る」ことであった。旧軍教育の最大の柱が「言い訳をせぬこと」であったのにである。正当なる説明さえも「言い訳」とし、卑怯とした人たちがである。

まず田中耕二。知覧基地で鬼の作戦参謀として特攻隊員を叱咤し怖れられたかれは、終戦時は大本営参謀となり、敗戦後は第一復員局で「後始末」に打ちこんだ。第一復員局資料整理部の報告書『航空特攻作戦の概要』はかれの筆である。その結論に言う。「特攻戦法は、戦力の貧困を、献身報国の至誠をもって補足しようとする自発的戦法にはじまり、のちに広く実施されるに至った。用兵というより、むしろ、大和民族独特の戦争哲学から生じた、絶対的戦法と称すべきである」。

志願制か否かについては、「特攻は任務を達成しようとする、至上の軍人精神に発するもので、一部部隊の独占すべきものではなく、全航空部隊は所要に応じ、こぞって特攻隊たるべきものと考えてきた」。

用語・文体・発想のすべてが、戦中「大本営発表」に酷似する。あれだけの敗戦から「なにものも学ばず、なにものも忘れぬ」元参謀の文章は、負け犬の傷のなめあいの一環としてなされたものではない。自分たちのかつての愚行の正当化を、「美談」を実像とすることを通じて達成しようとしている。よわよわしい詫びや「免罪」の意図をはるかにこえた、居なおりの偽証である。

当事者、とくに責任者こそが、もっともよく真実を知っている、という通念がある。その場合、加害者の証言は、かならず自己に有利に事実を歪曲してなされる、という鉄則を忘れてはなるまい。が、元参謀のほとんどが当事者として扱われてしまった。田中のこの記録は、のちに連合軍最高司令部や、田中もいる防衛庁戦史室に移管され、他の戦史の基礎資料としての位置を占める。湊川戦史についてて、坊門清忠の弁明書を基礎資料にするようなものである。資料作成者の意図は成功したといってよい。

昭和二十六年に海軍側の猪口・中島本が出され、二十八年には元大本営参謀大佐服部卓四郎編著『大東亜戦争全史』が出る。その後これらは版を重ねるが、特攻関係の説明はすべて相似形である。猪口・中島本については幾度かふれたので、『全史』の特攻を見よう。

大本営は……特攻を志す義烈の士は、これを個人として作戦軍に配属し、作戦軍は、これらの戦士をもって、臨時に特攻隊を編成し、これにふさわしい特別の名称を付した(68)。

陸軍特攻のトップ「万朶隊」「富嶽隊」が「特攻を志し」たかどうか？「個人として」配属されたかどうか？ 大本営陸軍部参謀大佐は知らないのだろうか。本当に知らないのならば参謀としても修史家としても怠慢であり、知っていて言うならばウソツキである。

昭和五十一年、防衛庁防衛研修所戦史室『大東亜戦争公刊戦史』全一〇二巻が完結した。その中でも、特攻隊神話は固守されている。『比島捷号陸軍航空作戦』(昭和四十五年)に言う、「特攻隊員は志願者をもって充当することを根本方針とされた……若武者たちの……民族の伝統的精神が爆発し(たもの)」と。

ここでもまた「民族の伝統的精神」なるものが登場している。田中耕二の「あと始末」は脈々として生きているようである。反問させてもらう。

(1) 日本民族の伝統的精神の具体的な内容は何なのか？ 具体的な例は、事件にせよ人物にせよ、何なのか？ 内容も具体例もない「伝統」も「精神」もありはすまい。

(2) それは戦争中に呪文のごとくに唱えられた「日本精神」「皇道主義」と同じものなのか、違うものなのか？　同じでしかありえないであろうが、天皇または天皇制はその中でどのような位置を占めるのか？　敗戦直後に天皇自身が否定した「現人神（あらひとがみ）」天皇信仰に根ざした価値観を復活させたいのか？　違うというならば、天皇には無関係の、あるいは天皇が絶対価値でない、思想内容なのか？

(3)　著者たちが「日本民族精神」と思っているものは、実は「と思いたい、と思わせたい」ものにすぎないのではないか？　体質化した念力信仰や願望妄想の対象または所産にすぎぬのではないか？　誰が、どのようにして、これが「日本民族精神」と証明し、決定したのか？　戦争中に、軍人たちには「証明する能力」はないのに、「決定する権力」だけをもっていた。それをまた行使しようというのか？

(4)　体当り特攻は、天皇制軍隊でも敗戦期にしか「爆発」しなかったのに、なぜ「伝統的」か？　突然変異という方が、旧日本陸海軍にとってまだ名誉が残るのではないか？

(5)　若者にムダ死を強要し、戦後にはその志願制を強弁しつづけるような「参謀精神」は「民族精神の伝統」にふくまれるのか？　それは「軍人精神の伝統」なのだろう。

多額の税金を消費して、防衛庁がかくまで戦中「皇国史観」そのままの太平洋戦争史の「正史」ともいうべきものの作成に努めたのは一見不思議のようでもある。が、それがどのような人的構成と雰囲気でものされたかを知れば、疑問は氷解する。

昭和三十九年二月、陸軍特攻の真相の探求者高木俊朗は、航空自衛隊防衛部長空将補田中耕二を訪れた。先客の元六航軍司令官菅原道大が田中のセンパイ顔で同席した。まず菅原が命令口調で高木に要求した。

「特攻のことを書くのもよいが、（わしが慰霊している）特攻観音のことも、大いに書いてもらいたい」

志願か否かの質問への、田中の答は、

「行きたくない者を、むりにださせたことはない」(69)

である。元大本営参謀の虚像固守の姿勢は一貫している。

ウソには、ときとして見事なウソもある。ウソをつく者が、それによって非難損失を他に及ぼさず、一身にそれを背負いこむ場合である。当人が損だけして一片の利もないウソの場合である。が、損をするどころか、それによって当事者とその集団が正当化されるようなウソは、矮小で卑劣でしかない。

死者に対する遺族・関係者のかなしみは深い。若者たちが、みずから進んで、満足裡に死んだとは、遺族のほとんどが思いたいであろう。その遺族らのかなしさに乗じて、多くの若者にムダ死を強いた者が、強制の事実なしとし、虚像の美化を自己の正当化の根拠とし、はては自分の慰霊の姿のPRまでを要望する。ここには、絶望的なまでの腐臭がただよっている。

若者たちの献身が純粋で美しくあればあるほど、その若者たちの生も死も利用しつくす者の醜悪さはきわだつ。特攻隊は、その実施時の実態においてとともに、その「神話化」の過程において、昭和期天皇制軍隊の恥部――指揮官・参謀クラスの醜悪さをかくすイチジクの葉として利用されつくしている。

第四章註

(1) 江間保『九九艦爆と共に』(『海軍急降下爆撃隊』今日の話題社、昭和五十年所収)
(2) 堀元美『続鳶色の襟章』原書房、昭和五十一年
(3) 『証言記録太平洋戦争史作戦の真相』サンケイ新聞出版局、昭和五十年
(4) 猪口・中島『神風特別攻撃隊』
(5) 高木俊朗『特攻基地知覧』
(6) 碇義朗『戦闘機疾風』白金書房、昭和五十一年
(7) 朝雲新聞社、昭和四十三年
(8) デニス＝ウォーナー・ペギー＝ウォーナー共著、妹尾作太男訳『神風』上巻、時事通信社、昭和五十七年(以下、ウォーナー『神風』と略記)
(9) 右の下巻「訳者あとがき」
(10) 大野芳『神風特別攻撃隊「ゼロ号」の男』サンケイ出版、昭和五十五年
(11) 大野芳同右、猪口・中島書、小高登貫前出書などによる。
(12) ウォーナー『神風』上巻
(13) 幾瀬勝彬『神風特攻第一号』光風社書店、出版年不明
(14) 大野芳(10)に同じ
(15) 猪口・中島前出書
(16) 小野田政『神風特攻隊出撃の日』(『太平洋戦争ドキュメンタリー』第二三巻、今日の話題社、昭和四十六年所収)
(17) 同右

(18) 大野芳前出書
(19) 生田淳前出書
(20) 大野芳前出書
(21) 門司親徳『空と海の涯で、第一航空艦隊副官の回想』毎日新聞社、昭和五十三年
(22) 大野芳前出書と御園生一哉『比島軍医戦記』図書出版社、昭和五十七年
(23) 小沢孝公『艦爆搭乗員青春挽歌』(『海軍急降下爆撃隊』所収)
(24) 大野芳前出書
(25) 長峯良斉『死にゆく二十歳の真情、神風特別攻撃隊員の手記』読売新聞社、昭和五十一年
(26) 蝦名賢造『海軍予備学生』図書出版社、昭和五十二年による。
(27) 大野芳前出書
(28) 蝦名賢造前出書
(29) 高塚篤『予科練甲十三期生』
(30) 小野田正光『学徒出陣』(『太平洋戦争ドキュメンタリー』第四巻、今日の話題社、昭和四十三年)
(31) 蝦名賢造前出書
(32) 大野景範編『ああ出撃五分前』青春出版社、昭和四十五年
(33) 平木国夫『くれないの翼』泰流社、昭和五十四年
(34) 笠井智一『特攻生き残り三二年目の証言』(座談会)(『文芸春秋』昭和五十二年九月号)
(35) 蝦名賢造前出書
(36) 岩井勉『空母零戦隊』今日の話題社、昭和五十四年
(37) 戸川幸夫『台湾特攻隊の思い出』(『特別攻撃隊、日本の戦史　別巻4』毎日新聞社、昭和五十四年所収)

(38) 大野景範前出書
(39) ウォーナー『神風』下
(40) 杉山幸照『悪夢の墓標』(37)に同じ)
(41) 小野田正光前出書
(42) 門司親徳前出書
(43) 生田惇『陸軍特別攻撃隊史』ビジネス社、昭和五十二年
(44) 朝雲新聞社、昭和四十六年
(45) 同右
(46) 福島尚道氏よりの聞書。
(47) 同右
(48) 高木俊朗『陸軍特別攻撃隊』下
(49) 同右
(50) 同右
(51) 同右
(52) 友清高志『ルソン死闘記』講談社、昭和四十八年
(53) 高木俊朗『陸軍特別攻撃隊』
(54) 同右
(55) 村上兵衛『桜と剣　わが三代のグルメット』光人社、昭和五十一年
(56) 同右
(57) 小野田政前出書

(58) 高木俊朗『特攻基地知覧』
(59) 同右
(60) 同右
(61) 同右
(62) 同右
(63) 横田寛『あゝ回天特別攻撃隊』光人社、昭和四十三年
(64) 高木俊朗『特攻基地知覧』
(65) 椿恵之『そのとき私は童貞だった』(『太平洋戦争ドキュメンタリー』第一巻、今日の話題社、昭和四十二年所収)
(66) 長峯良斉前出書
(67) 高木俊朗『特攻基地知覧』
(68) 服部卓四郎前出書第四巻
(69) 高木俊朗『特攻基地知覧』角川版

第五章　天皇制軍隊の腐敗

1　利敵行為

利敵の徒

昭和期日本軍の腐敗は、敗色の進行につれて表面化した。腐敗の根源は、参謀クラス以上の軍上層部にあった。このことは種々の面から言えるが、ここでは「利敵行為」から追跡してみよう。

「利敵」とは「敵を利する」ことである。戦時には当然最高級の犯罪とされる。「利敵」は同時に「味方への不利」であるから、広義に解釈すれば、味方の戦力や士気を低下させることをもふくんでよかろう。とはいえ、軍事的無能から敗北の悲惨さを倍加させたような指揮官や参謀たち、また、品性の下劣さから部下の戦意や団結をそぎ、結果的には戦力の低下にいちじるしく貢献した人たちの例まであげると、これは際限がない。

どう考えても「利敵」でしかありえない具体例をあげてみよう。

(1)　アキャブ方面の第五五師団長中将花谷正は、その軍事的無能力と品性の下劣さから、技倆も戦意もすぐれた中堅の下級将校や幕僚を、自分の好悪の感情のままにつぎつぎと自決に追いこんだ。戦闘中にである。なけなしの味方戦力の根幹をムダに消滅させた。そして惨敗した。この明々白々の「利敵」行為に対して、かれは一切の査問も処罰も受けなかった(1)。

(2) 昭和十八年七月(?)、マレイのスンゲパタニの第四飛行師団第八戦隊(九九双軽)高級部員「七五センチ」中佐——歩兵科出身で行進の歩幅が歩兵操典に七五センチとあるので通称となった。氏名は著者も伏せている——は「暗夜ニ於ケル荒天飛行訓練」を計画、豪雨をまじえた風速一五メートル以上の夜、実施を命じた。テントも吹きとぶ強風に八戦隊のベテランはみな「中止」のほかなしとした。が「七五センチ」は命じた、「断じておこなえば鬼神もこれを避く」。

戦隊のベテランをすぐった四機一六名は、闇と風と雨の中に消えた。八戦隊の中核戦力は、敵の一弾もなく、潰滅した(2)。

八月、タイのドンムアン飛行場で「七五センチ」は八戦隊随一の操縦者林曹長に、荒天のシャン山系を越えての連絡飛行を強要した。すでに二〇機もが失われたコースである。天象地象を知りつくしていた林は不可能とした。が「断じておこなえば——」である。三千飛行時間を超える林は、シャン山系の大積乱雲にのみこまれた(3)。

敵にカスリ傷さえ与えることなく、味方のなけなしの人機を失わせ、敵から感状が出そうな話である。この「利敵」中佐も、軍法の対象になった形跡がない。

(3) 特攻隊に関しては、既述の、殊勲の生還特攻隊員の佐々木友次伍長を、上奏や公表へのツジツマ合せに抹殺しようとした四航軍参謀猿渡大佐もいたし、なけなしの人機をムダにしてでも消滅させようとした田中耕二もいれば、倉沢参謀もいた。

これらの「利敵」行為が、日本軍の「法」によって処断された例がない。言わせれば、かれらの敢闘「精神」・「精神」主義を評価せよとでもいうのであろう。が、精神が人間固有のものであるかぎり、人間を無視したかれらに「精神」と呼べるだけのなにものもありはしない。一種の念力信仰か願望妄想でしかない。

日本軍隊の腐敗は、かれらが代表する「利敵者」の存在にある以上に、かれらが一切不問に付されるのが当然であった機構そのものにあった、と思わざるをえない。

以下に二つの話を提供する。比較してほしい。

第一話

この事件について、私は旧著では、「軍隊伝説」かもしれぬ、とした。が、それは私の調査不足であって、伝説どころか事実であることを知った。関根精次『炎の翼』(4)、岩川隆『我れ自爆す、天候晴れ』(5)、森史朗『海軍戦闘機隊』第三巻(6)の三著によると、その経緯は以下のようになる。

太平洋戦争開始直前、台湾の一航艦参謀長大西滝治郎少将は、全搭乗員に口達した。

「今度の戦争は大陸作戦とちがい、制空権獲得と同時に陸軍が進攻する。住民も反米的である。したがって、飛行不能になっても自爆などしてはならぬ。陸軍部隊上陸までどこかに潜んでいて、救出されるのを待て。諸子のような熟練搭乗員をつくりあげるためには、大変な費用と年月を要するのだ」

開戦五日目の十二月十二日、第一航空隊の九六式陸攻三六機がクラークフィールドを空襲、そのさい、花田猛（本名は原田武夫らしい。以下は一応花田とする）一飛曹機（他七名搭乗）は被弾、アラヤット山麓に不時着した。『一空飛行隊戦闘詳報』によると、接地するとすぐ機内から二人の搭乗員が脱出し、編隊にむかって手を振っているのが認められた。

一空司令荒木敬吉大佐は、分隊長福岡規男大尉の意見も参照、全員戦死と上級司令部の二一航戦司令部に報告した。が、八名は生きていた。数日後、山中で数十人の原住民に捕えられ、マニラに送られ、一般牢獄（関根氏は「捕虜収容所」と言うが）に入れられ、アメリカ人一人が立合い、フィリピン人が日本語で訊問した。このアメリカ人が軍人であった証拠はない。所属部隊名など尋ねられ、殴られもしたが、八人とも黙秘した。そして、翌昭和十七年年頭のマニラ陥落（二日）で、陸軍部隊に救出された。

生存の報に原隊の同僚たちは「帰ってきたら大宴会だ」と湧いたが、上級者たちは困惑した。「名誉の戦死者」が「不名誉な捕虜」になってしまったからである。原隊にもどった八名は、宴会どころか、位階勲等を剥奪、階級章も善行章もないカラス（海軍最下級の四等水兵）に降等、他からきびしく隔離された。罪人の扱いである。

上級者たちは八人の処置について、もみにもめた。大西は「捕虜になったっていいじゃないか」とも言った。彼には「フィリピン原地人は反米親日」と言った負い目もあったらしい。結局一月十三日、長官塚原二四三中将が断を下した。

(1)　八人が捕虜になった事実は、外部に洩らさない。
(2)　軍法会議には送らず、当隊内で処理する。
(3)　各誉回復の機会を与え、できなければ自爆までもって行く。

八名の罪名は「捕虜になったこと」だけである。不時着直後に機密書類（暗号書など）は飛行機と一緒に焼却してしまったのであるから、また訊問には黙秘しぬいたのだから、機密漏洩は問題にならなかった。

「名誉回復」の機会は、出撃も禁止されていたのでなかなか来なかったが、二月二十日、チモール島クーパンへの落下傘部隊の降下作戦に、二一空も協力参加、花田機も参加を認められた。そのさい、中隊長福岡大尉機は必要もないのに鈍重な中攻で地上銃撃をおこない、被弾、炎上、自爆してしまった。不幸にして花田機は生還した。八人への目がますます冷たくなった。

大西は後任の酒巻宗作少将への申し送りに「八名には気の毒なるも、最前線の任務にあてられたし」として中央へ去った。

ラバウルに移ったこの部隊は、三月二十日に改編命令で、マーシャル方面に移ることになった。八人の処置は移動前でなければならない。マーシャル方面は、当時は「名誉回復」の状況はない。処置の経過は分らないが、司令部の意図は疑いようがない。

三月二十三日、二十四日のポートモレスビー攻撃の編成で、花田機は、後続小隊四番機になっている。爆撃機の編成は三機単位で、後続編隊の外側の機が、カモ小隊のカモ番機なのである。最も敵戦闘機に食われやすいのである。四番機とは、スーパー＝カモの臨時編成である。が、二回とも、敵戦闘機が出現してくれなかった。八名は不幸にも生き延びた。その二十五日夜、花田ペアの白井嘉孝二飛曹は自殺をはかったが未遂、三浦浅吉二飛曹は錯乱状態になった。

マーシャル移転の日が迫った。三月三十日、花田機は、ゼロ戦三機に掩護されて、ポートモレスビーの強行写真偵察を命ぜられた。指定高度一〇〇〇メートル。当時のポートモレスビー基地の対空砲火の正確さは有名で、三〇〇〇メートル以下の高度では撃墜されるのが常識であった。しかも写真偵察は同高度の直線運動でなければならない。が、花田機の白井二飛曹は、同年兵の小西良吉二飛曹にうれしげに、「偵察が成功したら、捕虜の件も帳消しになり、内地へ帰れるかもしれん」と言ったという。が、死神はまたもや花田機を見離した。高角砲弾の雲の中を花田機は突きぬけ突きぬけ、任務を果し、燃料不足となり、ラバウルでなく、ラエに帰還した。「名誉回復」はなされたと思ったようである。が、翌三十一日、ラバウルから松本真実飛行長が飛来し、花田機の前日の報告を受けると、重い口をひらいた。

「もう一度、行ってくれんか。ポートモレスビーを単機爆撃してもらいたい」

花田機は南の空に消えた。やがて、「全弾命中」の発信が送られ、つづいて「ワレ被害ナシ、天候晴レ」最後に、「ワレ、今ヨリ自爆セントス、天皇陛下万歳」

ラバウルの航空隊員のあいだでは「花田たちは殺された」と噂が流れた。

第二話

吉村昭『海軍乙事件』(7)、後藤基治『海軍報道戦記』(8)と、ホルムズ著、妹尾作太男訳『太平洋暗号戦史』(9)の「訳者解説」によると、昭和十九年三月三十一日夜、連合艦隊司令部は古賀峯一長官以下全首脳が、パラオからダバオへ二式大艇（飛行艇）で移動しようとした。長官は一号艇に、参謀長福留繁中将は二号艇に乗った。天候が悪く、一号艇はそれきり消息を断ったが、二号艇は北に吹き流され、四月一日午前二時五十四分、セブ島西海岸沖に不時着水、大破、沈没。八名が死に、一三名が泳いだ。福留ほか九名は、約八時間後、セブ島抗日ゲリラ（クッシング中佐指揮）に救われ捕えられた。そのさい、福留参謀長と作戦参謀山本中佐は、Z作戦計画書（千島より内南洋にいたる水域での迎撃作戦計画書）、艦隊司令部用信号書、暗号書を防水ケースに入れて携行していたが、ケースごとゲリラに奪われた。奪われ方は、カヌーが近づくので、山本中佐がケースを沈めようとしたが、防水ケースのためか水中にただようのを、ゲリラが竿で拾いあげた(10)。

福留らは仮名でおし通した。訊問らしいことはなかった。

セブ島守備陸軍部隊大隊長大西精一中佐の部隊は、ちょうどゲリラ隊包囲に成功していたが、四月九日、ゲリラ側からの申し入れで九人の釈放とゲリラの脱出とを約束し、四月十一日に九人を救出した。書類はもどらなかった。

東京での査問にさいし、福留は、「降伏もしなければ、訊問もされなかった」「ゲリラは書類ケースにほとんど関心をいだいていなかったと思う」と言った。

調査査問に当った一人、軍令部の中沢佑第一部長（作戦計画担当）は、『海軍中将　中沢佑』の中

で、書類がゲリラに奪われたことを記述したあと、中沢自身の注として、

福留参謀長一行は、本事件の詳細を口頭で大臣官邸において報告した。然るに福留中将も山本中佐も意識してか否か、一言も、機密図書の件には言及しなかった。従って中央としては何事も知るに由なく、もちろん何等処置しなかった」（傍点妹尾氏）

妹尾氏は「これが作戦主務者の言葉か！」と呆れられているが、まさに全軍の安危にかかわる機密が敵に洩れたかもしれないときに、先輩の方から言わないとて放置し、それを知らなかったことの正当化にするとは、怠慢であるよりは犯罪であろう。福留の卑劣さもさることながら、私情を全軍の安危に優先させるとは、海軍中枢の腐敗を見るべきであろう。

中央での論議は、捕虜になったか否かに集中、結局、ゲリラは敵性が少ないという意見や、たとえ捕虜であったとしても短期間で〝実害〟はなかったし、人材欠乏のおりでもあるとして、四月二十五日、海軍首脳部は、三対二で福留らを不問と決定した。その理由は、(イ)機密書類は原住民には関心がないと断定、(ロ)ゲリラは正規軍ではないから福留らは捕虜ではなかった、の二点。その夜、福留らの監視をやめて自決可能としたが、福留、山本、山形の三名は自決などしなかった。それ以前に、二号艇乗員生き残りの六名は、自決しようとして福留にとめられ、この後各地で戦死していった。

「乙事件関係者ニ対ルス処置ノ件」

二、関係者ヲ軍法会議ニ附スルノ要ナシト認ム、法律上ノ罪ヲ犯シタリト認ムベキモノナシ、即チ

(1)　事件発生ハ不可抗力ナリシコト
(2)　「敵ニ降リ」タル事実ヲ認メ得ズ
(3)　利敵行為ナシ
(4)　軍機保護法ニ触ルルガ如キコトヲ為シアラズ

昭和十九年六月十五日、福留中将は第二航空艦隊司令長官に栄転した。山本中佐も第二艦隊参謀として大和乗組に栄転（のち戦死）。これは、「捕虜になった」という疑惑や噂を一掃するための中央の処置であった。海軍中枢部は、Z作戦計画を変更もせず、司令部用暗号も変更しなかった。

戦後一九六五年、旧連合国情報局のアリソン・インド米陸軍大佐は証言する（Allied Intelligence Bureau By Allison Ind.）。書類とケースはすべてゲリラからアメリカ潜水艦に渡され、オーストラリアのブリスベンの陸軍情報部で「一字一句にいたるまで」翻訳・解析された。翻訳に当ったのは日本語の達者な日系二世たちで、五月二十三日に完了した。アメリカ側は、日本軍がZ計画どおりに作戦することを期待し、書類を入手していないと日本側に思わせるために、わざわざ潜水艦でケースともども二号艇不時着海面に運んで水中に投じた。

太平洋戦争の命運を決した六月のマリアナ沖海戦（あ号作戦）、十月のレイテ海戦にさいして、アメリカ側は、日本軍の戦略、戦術はもちろんのこと、参加機種と機数、参加艦種からその燃料量、火力、弱点、各級指揮官名までがわかっていたという。「レイテ海戦（捷号作戦）では、連合軍翻訳作業隊は、進撃してくる日本水上部隊の各艦艇を割り出したが、この作業は一隻の艦名を誤記しただけであった」(11)。

日本軍の体当り戦法は、このレイテ海戦を機に開始された。初期の体当りが戦果をあげえたのは、Z作戦計画書に体当りが記載されていなかったことを、原因のひとつと考えてよかろう。Z計画書に記載されぬ唯一の戦法の推進者は、「捕虜になった」下士官を死地に投じて軍のタテマエを守った、いまは一航艦長官大西滝治郎であり、同調したのは「捕虜には」ならず「機密漏洩」もなしとされて栄転してきた二航艦長官福留繁であった。福留は「特攻を採用した場合、搭乗員の士気は低下するであろう」と正確に言いながら、大西に同調したのである。

その福留は、戦後昭和二十六年『海軍の反省』(12)を書いた。なかに「古賀元帥《殉職》の真相」と題する小節があるが、そのさい自分がどうしたかなどふれてもいない。特攻攻撃については「戦時特異な環境下における特異な戦場心理の下に生まれたもの」と「異常心理」に責任をかぶせてしまっている。昭和三十二年の『大西滝治郎』伝では、世話人筆頭幹事となり、体当り攻撃の戦術的有効性を数字でまで強調して、大西をホメちぎっている。昭和三十五年の安延の特攻礼讃の書の序文も書いている。そして昭和四十六年、はじめてこの事件にふれて、次のように述べた。

墜落した飛行艇の中に連合艦隊の作戦計画が残存していて、これがアメリカ軍の(手に入り)反撃作戦に非常に役立ったというのである。そんなことは絶対にあり得ない。飛行艇は五十メートルの高さから墜落し、たちまち猛烈な炎を上げて一晩中燃えていた。仮りに若干の書類など積み込んであったとしても焼け残っているはずはない。むろん十時間も泳いで命からがら助け上げ

られた私達がそんな書類など持って上るはずはない。明らかに誰かが為にする作為にちがいない」(13)(傍点小沢)

事件直後の査問に、「ゲリラは書類には関心をもたなかった」と説明したのは福留自身である。灰になっていたら出るはずのない言葉である。

福留は、事件の処理過程で軍人としての最低限の資格もないことを立証していたが、このいなおりたるや、人間としても失格しているといわざるをえない。

この福留を「海軍切っての秀才」ともちあげる奥宮氏は、捕虜論を長々と述べているが、上述の第一話も、この太平洋戦争最大の捕虜事件、機密漏洩事件についても、一言半句もふれていない。この奥宮氏に先輩福留繁と同様な精神構造をみるのは容易であろう。

比　較

蛇足かもしれぬが、比較しておこう。

第一話の八名は、捕虜になったことだけを問われて、実害はないのに、死を強制された。捕虜とは言っても、米人が軍人であった証拠さえない。福留らは、米陸軍中佐クッシングのひきいるゲリラの捕虜になったのであり、第一話よりは捕虜の資格は十分に高い。しかも、実害があった。あったどころか、日本の命運をかけたマリアナ沖海戦、レイテ海戦は、妹尾氏流に言えば「戦う前から勝敗は決まっていた」ほどの、決定的な実害であった。責任者は腹を十度切ってもすむものではない。が、作戦主務者は機密書類のことよりも先輩への思いやりを優先させて、「実害なし」とし、捕虜になった連中を栄転させた。軍規とか軍律とかは、上級者には一切都合よく適用されるもののようである。

が、以上はひとり大西、福留、中沢の問題ではない。菅原、富永、田中、花谷、「七五センチ」中佐の個々のことではない。このような不公正がまかり通った旧陸海軍の腐敗こそが問題なのである。腐敗を支えているのが、「上長者はまちがうことなし」とする怖るべき迷妄であったことはあきらかであろう。いかなる場合にも責任を問われることのない大元帥が全軍隊を私有するというタテマエによって、「上官の命は朕の命と心得」させることが可能であったのであるから、この腐敗こそ、昭和期天皇制軍隊という無責任の体系の必然的な到達点であった。そして、この腐敗に気づきもせず認めもせぬ無責任機構のかつての推進者にして受益者たちこそが、特攻神話の聖域化の推進者ともなったのである。

2　軍人勅諭の論理

太平洋戦争末期にはかくしようもなくなった日本軍の腐敗——とくに道義面における腐敗の根源は、なによりも旧日本軍が「天皇の軍隊」であることにあった。

軍人のタテマエの基盤は、明治十五年（一八八二）発布の軍人勅諭にあった。その論旨を検討してみよう。

それは、「わが国の軍隊は世々天皇の統率し給う所にぞある」にはじまり、天皇が日本軍隊の唯一最高の統率者であることを強調「それ兵馬の大権は朕が統ぶる所……敢て臣下に委ぬべきものにあらず……天子は文武の大権を掌握す」と言いきる。ついで、軍人は「朕の股肱（身体の重要不可欠部分のこと）」と規定し、日本の軍人がのっとるべき徳目を五項目にわたって述べる。忠節、礼儀、質素、勇武、信義、である。

その成立や発布の事情をいまはおいて、軍人勅諭の難点やまちがいは、以下となる。

(1)　あまりにも長文にすぎた。漢語をフルにまじえた二千九百余字。音読すると、急いでも約一五分かかる。それを昭和期の軍人は、軍人勅諭の精神の保有度を、その暗記の度合でおしはかったから、暗記させられる下級将兵の労苦たるや、すさまじきかぎり。戦時中の下級将兵や軍関係学校の生徒で、この暗記のためのエネルギーを払わなかった者はあるまい。それは、勅諭の徳目実践のエネルギーも時間も吸いあげつくすほどの、冗長さと恐怖であった。

(2)　すこしでも歴史を知っている者ならば、認めるわけにはゆかぬほどの歴史的誤謬が出発点となっている。「わが国の軍隊は世々天皇の統率し給う所にぞある」という冒頭である。戦争中にはばをきかせた皇国史観でさえ、天皇が軍事権も政権も掌握できなかった時期が、史上圧倒的に長かったことを教えた。まちがった、または架空の、前提から出発して、統治権や軍事権の天皇掌握の正当化が語られている。

(3)　軍人勅諭と、それに前後する法体系との関係についてノーコメント。勅諭とは天皇の言葉ということであろうが、具体的内容が示されていない。たとえば、具体的に見える五徳目のなかの「礼儀」を見れば、軍人にとって「礼儀」がなぜ大切かを、縷々説明し、励行をうながしている。が、なにが礼儀なのかは一言も書いてない。だから、人によって、「礼儀」の実践とは、言葉づかいのことであったり、熱帯地域で上衣のボタンをかけることであったり、一刻を争うのに敬礼することであったりする。

むろん勅諭には罰則はない。内容なき罰則はありえぬであろう。ところが、この軍人勅諭が、実定の憲法や法律以上に軍隊内で猛威をふるったのが、昭和十年代なのである。申告の声が小さいと、「勇武」か「礼儀」に欠けるとして、下級者を処罰するという具合である。上官の気に入らぬことはたいがい五項目のどれかに該当するのだから、内容のないことが逆に応用範囲を拡張させたのである。

欽定である明治憲法でさえ、その発布には天皇と諸大臣の副署があった。教育勅語にも御璽（天皇の印判）があった。軍人勅諭には天皇の名——「御名」とあるばかり。このため下級兵士たちは、天皇のことを「オンナ」と言っていた。法治国家とは、憲法や法律によって統治される国家のことであろう。法以外のものが法以上の規制力を発揮するならば、もう法治国家とは言えまい。これがおこなわれたのが、天皇制国家の軍隊においてであり、その拠り所が軍人勅諭なのであった。

以上の三点は、軍人勅諭を発布した明治天皇の意図するところではなかったかもしれない。が、次の点だけは、天皇の意図と責任を疑うことはできない。すなわち、

(4) 諸徳目の最高を天皇への忠節としていること。日本の軍隊は天皇個人に絶対的に服従すべきで

あるとしていること。

五つの徳目は併列してあるのではない。忠節以外の四項目は、ひとつひとつ見れば、戦士たる軍人にとって、望ましい徳目である。が全文を読めば（暗記すれば、ではない）、四つの徳目はすべて、第一の徳目「忠節」を効果あらしめるためのものである。忠節こそが軍人勅諭の最終目標なのである。

軍人勅諭とは、日本の軍隊は、国民の軍隊ではなく、天皇の軍隊であると宣言し、軍人の最高のモラルは天皇への忠節・献身であると、当の献身さるべき天皇が教えているのである。「私のために身命をすてて尽すのが最も立派な生き方」というわけである。諭す者にとって、こんな都合のよい内容はなかろう。

昭和も軍ファシズム期に入ると、天皇崇拝にこりかたまった荒木貞夫などが、日本軍を「皇軍」と呼びたがった。天皇の軍隊ということである。それ以前は「国軍」とか「帝国軍隊」と呼んでいた。が「皇軍」は荒木らの独創なのではなく、軍人勅諭からそうであったのである。

国軍の「国」は、国民、国家の国なのだろうなどと言って、国軍期を礼讃したくない。明治二十二年（一八八九）発布の『帝国憲法』のトップに「大日本帝国ハ万世一系ノ天皇コレヲ統治ス」「天皇ハ神聖ニシテ犯スベカラズ」とある。国民も国土も国家も天皇の絶対支配下にあるのだから、その軍隊も天皇の軍隊でしかありえまい。

現人神である天皇に、まちがうということはありえない。だから、「上官の命を承ること実は直ちに朕が命を承る義なりと心えて」「死は鴻毛よりも軽しと覚悟」するのが、軍卒の最高の生き方となる。「世論に迷わず政治に拘らず只々一途に己の本分の忠節を守れ」という指示まである。太平洋戦争期にとめどもなく表面化した日本軍の腐敗——政治的白痴化と民衆の無視、上官への盲従の強要、自他の人命の軽視は、ある日突然に起ったものではなく、憲法や法律以上の猛威を秘めていた「軍人勅諭」に内包されていたのである。

敗戦まで、立派な軍人とは、天皇に忠節を尽す人を指した。「民族のため」「国民のため」は二義的な価値とされた。戦死者の最後の言葉は「天皇陛下万歳」と言ったことにされた。戦後になって、天皇のためにではなく、民族や国民や愛する人びとのために戦った面を強調する人が多いが、意識的な「天皇カクシ」にすぎない。軍人勅諭を正直にうけとめた素朴な将兵ほど、天皇のために戦ったのである。戦争中の軍人が呪文のように唱えたのが「悠久の大義」に殉ずるという文句であったが、この「大義」の中心は天皇以外のなにものでもありえなかった。

特攻隊員の遺書の多くも「天皇」「皇国」「神国」「悠久の大義」のために死ぬと言っている。戦後になって、特攻隊員が、国家や国民や民族のために献身したことを、天皇という目標よりも強調するものが多いが、戦後にも公認の価値観を（天皇信仰では具合がわるいので）一階級昇進させたのである。が、その場合、国家も国民も民族も、戦後の概念でのそれなのではなく、「天皇が唯一最高の主権者である国家・国民・民族」の意味であったことを忘れてはならない。

軍人勅諭の五つの徳目は、武人として望ましいものであった。いまとなってはうとましい「忠節」

もふくめて、徳目に忠実な軍人は、好ましい人たちであった。愚直であろうと、私心のすくない、澄んだ人たちであった。が、その見事さは、天皇制日本、天皇制軍隊での価値を超えうるものではありえなかった。自由な、人命と人権を尊重する社会にまで大手をふって通用できる立派さではなかった。

そして、敗戦期の軍人には、軍人勅諭の一徳目さえ守らぬ手合が多かった。とくに佐官以上の上級者には多すぎた。

3 ある「伝統」

明治以来、諸列強になんとか比肩したい日本軍隊を支える国民経済と国家財政は、常に貧しかった。事実上、貧しい経済と狭小な国土を、経済でよりも軍事で拡張しようとして軍事力を経済、財政の許容力以上に拡張し、かえって経済、財政の基盤の成長を阻害し、それだけに一層軍事力への依存度を高めるという悪循環が、軍国主義日本を肥大化させた。

ここに、軍事強国たらんとする経済弱国日本の軍隊の性格が決定する。安価で有効な軍隊たることである。武器も施設も給養も列強なみにできぬなら、人権の無視、人命の軽視を基本とする「兵員」への依存しかない。軍務に服する国民に、なにものも与えず、すべてを奪う天皇制軍隊の出現である。

まず徴兵制の施行。一銭五厘の葉書一枚で兵卒が補充できる。しかも、徴兵する側は「兵役についてくれた」とは言わない。「御奉公させてやった」と恩にきせる。反対給付なき一方的な奉仕、献身の見本であろう。

ついで、徹底した内務班的シゴキが、思考力や批判力の余裕もない下級将兵を量産する。個々人の良心とか理性とかを抹殺しつくした上に、日本軍隊は成立した。軍人勅諭というタテマエのまえに、個人は無視された。「命令」に対して反射的に盲従する下級将兵は、恣意を多分にふくむ上官の意向を、機械のように正確、迅速に遂行するようになる。

兵器を操作する将兵に、訓練は絶対に必要である。私は猛訓練をしたのを非難するつもりはない。が日本軍の世界無比の猛訓練が、下級将兵の自覚と自発性の上にではなく、制裁や処罰の恐怖による強制の上に遂行されたことを指摘しておきたい。精強を誇る日本軍は、その精強さのために、人間としての基本的な要因——人権を犠牲にしたのである。

人権という概念さえないのが天皇制軍隊であった。下級将兵の生命までも軽視できたほどに、人権は無視された。それは国民一般にまで及んだ。それどころか、占領地住民や捕虜に対する扱いまでも自然にそうなった。日本軍の兵士なみに扱えば、非人間的、反国際的になるのである。

そして昭和期、満州事変後の日本軍隊の肥大化は、軍隊機構と軍人の官僚化をおしすすめた。大過なきかぎりトコロテン式に昇進してゆく軍人社会は、一種の官僚組織となる。官僚特有の形式主義、タテマエの尊重は昭和期日本軍の全身をマヒさせたが、なかでも、陸軍大学や海軍大学を出て、出世コースの階段に足をかけた佐官クラス、参謀クラスには、積極的な点かせぎ、露骨な出世欲が横溢していた。かれらは、軍人勅諭によって保証されていた盲従の原則を、恣意的に拡張した。

軍人の形式主義は、結局は軍人自身を腐敗させるのであるが、それに気づきもしないのが、当の形式主義の信奉者たちであった。

本来は戦闘集団である軍隊の訓練の相当な部分が、儀式用展示用に費やされたのを思い出してもよい。服装や姿勢への異常なまでの要求、戦闘能力とは無関係な、時には反対でさえある、容儀の重視と強制は、多くは上官を迎えるさいの俗吏の精神の発揮であった。また、旧日本軍に空気のように一般的であった「員数」精神を考えてみよ。人も品物も、事実・実態がどうあるかは問題にされずに、規定や帳簿の数量だけ「あることになって」いればよいのである。実質には目もくれず、外形とタテマエの一致だけを尊重する、これは小役人根性であり、責任回避であり、矮小な精神である。

事実や実態よりも形式や外聞を優先させる軍人は、自分でも気づかぬうちに、言語形式主義に侵されていった。

戦争でしかないものを「事変」と呼び、戦死はすべて「壮烈」となり、その相当数は「天皇陛下万歳」と叫んだことになり、死地に入る者は「莞爾（ニッコリ）」としてゆくことになる。精強で忠勇なる日本軍が敗けるわけはないので、敗退や退却は「転進」になる。転進の理由は、指揮や作戦の拙劣とは言わないで、敵の物量が多すぎたと言う。降伏のさいには「日本軍には降伏の文字はないから、伏降としてくれ」と外務省に申しいれた参謀がいる。ここまでくれば、形式主義を通りこして、唯語主義とでも名づけるほかはない。

問題は、一部の軍人が官僚化し、形式主義を信奉したことではない。自分たちのつくりだした虚像に自己陶酔したことでもない。それを下級将兵や一般国民にまで、強制しようとしたことである。強制することが自分の役目だと思いこんでいたことである。

このようなウソの信奉と人命軽視・人権無視が結合すると、次のようなことになる。

スマトラのパレンバンの南方派遣第九陸軍病院長、軍医大佐飛田八郎（残念ながら仮名。当時四十七歳）は、病院勤務の従軍看護婦四四名をすべて強姦した。命令と暴力によってである。加給品の横領、横流し、着服も大規模にやった。完全な犯罪者である。古屋上等兵（戦後、長野県菅原村村長＝白州町町長を一六年間勤めた）が、当時の東条首相に上訴状を送り、第二五軍軍法会議で、飛田は「戦地強姦罪」で懲役三年、位階勲等を剝奪、福岡刑務所に入れられた。

古屋上等兵は「上官脅迫罪」でこれも軍法会議にかけられたが、ヒナ壇の将官（軍司令部の参謀）は「コラ古屋！　よくも二五軍の恥を全軍に知らせてくれたな、きさま、建軍の本義を何と心得とるか、女の四〇人や五〇人の命が何だ、くたばってよいのだぞ！」とわめきつづけた。古屋は禁錮一年六カ月となった(14)。

この人間のクズともいえる参謀の言葉ほどに、上級軍人の精神なるものを示しているものはなかろう。人命も正義も敵とする外聞根性、ありもしない威信とやらにしがみつく妄想癖と権力意識、身分階級の高低でしか人間の価値を考えられぬ俗吏的発想。これが「建軍の本義」なのだそうである。「建軍の本義」とは、反人間性の固守にほかならないらしい。

私はこの将官参謀の氏名を公表してほしいと思う。飛田某大佐の犯行を容認していたのが、このような上級軍人であったからである。事実上はすでに失われている軍の名誉とか威信のためには「女（その「女」も、当時の女性中での最高の戦力である従軍看護婦なのである）の四〇人や五〇人、死んでもかまわぬ」精神は、数百数千の若者のムダ死など露ほどの痛みもないにちがいない「精神」だからである。軍隊とはこうした人間のクズともいえる上級軍人たちには都合のよい所すぎたと思う。

敗戦後の一九四六年三月、マニラ近郊ニコラスフィールドの日本人戦犯容疑者収容所で、もと比島方面軍参謀長武藤章中将が、パナイ島関係者に「訓示」した。

「お前たちは特攻隊である。特攻隊の気持で裁判を戦うことである。お前たちは、日本のために、日本陸軍のために、いやしくも士官学校を卒業した者が非戦闘員の殺害を命令したなどと、絶対に言ってはならぬ」(15)

熊井敏美氏はこれにつづけて、「高級将校たちはこの方針によって、何も知らぬ存ぜぬで通したため、（命令に従った）下級将兵を見殺しにする結果となった」と記している。

陸士出身の軍人の醜行をかばうウソをつくことが「特攻隊とおなじ」とは、特攻の若者への侮蔑でしかない。そこまでの思いあがりと人命軽視、責任の回避こそが、高級軍人のモラルだったとするならば、その腐敗度はすでに犯罪の域に達している。「軍人勅諭」に「正直」という徳目をつけ加えなかったその作成者は、先見の明があったと言うべきであろう。

国家的要請への忍従こそを最高の美徳とした敗戦までは、国民の側でもウソを容認しすぎた。軍隊への召集は、ほとんどの人にとって、迷惑・恐怖・嫌悪であったのに、表むきは「オメデトウ」「祝出征」と言う。百人中九十九人までがウソなのにである。

このような国民の忍従が、軍人たちを思いあがらせたのではなかろうか。動物以下の心身の制裁を加えられて、「修正、ありがとうございました」という倒錯感情の発揮は、古年兵や上級者に錯覚を固着させてしまった。アユ・追従・盲従になれた上長者は、ついには、自分の能力や資質の虚像を実像と錯覚してしまう。甘美なるウソは、つらい真実よりも容易に受け入れられるものなのである。

旧軍隊のモラルを賞揚し、その美化と復活をねがうのは、当然にも、旧天皇制軍隊での受益者にほかならない。被害者としては、いまからでも、それを拒否するほかないのである。

4　外国の例

角度を変えて問題を見なおしてみよう。特攻隊をふくむ若者が戦士とされ、愛するもの、信ずるもののために、殉じていった純粋さを賛えよ、その時代は美しかった、とする意見は強い。が、これが論旨のすりかえであることは、以下の諸例から言えよう。

少年十字軍

十一世紀末以降、ヨーロッパの君主・諸侯は、キリスト教徒の聖地エルサレムを異教徒イスラム教徒から奪いかえそうと、十字軍を東方へ送りだした。十字軍は神のための軍隊であり、聖なる戦いとされた。

十三世紀初頭の第四回十字軍は、聖地へ進撃するどころか、同盟国であり、おなじキリスト教徒である東ローマ帝国の都コンスタンティノープルを急襲、占領、掠奪をほしいままにした。その方が、容易に掠奪という従軍目的を達せられたからである。十字軍の戦利品の分け前にあずかれるローマ教皇インノケンチウス三世は、別に文句も言わなかった。

さすがに、西ヨーロッパの信仰あつきクリスチャンは沸いた。これが神の軍隊で聖なる戦かと。ある者（二人の少年の名が伝えられている）が叫んだ。「純心なる幼少年が戦士となれば、神も加護したまうであろう」。教皇も賛成し勧奨した。

かくて、フランスから三万、ドイツから二万の少年少女たちが、乗船地の地中海北岸の港市へと歩きだした。上限は十五歳、下限はなんと五歳の子供たちが、七五三の子供のように武装してである。ドイツからジェノヴァまでは、路が長くけわしく、ほとんどが引き返そうとして、途中で消えた。家郷に戻った者はほとんどない。フランスからの大部分は乗船地マルセーユにつき、出港し、そのまま歴史から消えさった。沿岸各地のイスラム教徒に奴隷として売りとばされたと言われる。

西欧の十字軍史家さえ正面からとりあげたがらぬこの悲劇の責任を、純真にして敬虔なる当の子供たちに問う者はあるまい。少年たちの信仰心や闘志を賛えるよりは、その実施を容認、推進した大人たちの愚かしさが、当然責めらるべきであろう。

イェニ・チェリ

十四世紀から急速に台頭した回教国オスマン・トルコでは、奇妙な「戦士」が活躍した。バルカン地方のキリスト教圏に侵入すると、かれらはキリスト教系住民の体格や容貌のすぐれた男子――十二、三歳までをつれさって、オスマン宮廷内に隔離した。身分としては捕虜奴隷であるが、家庭や一般社会から切りはなされたままに、アラーの神と皇帝への忠誠と武技の特訓をする。数年後には、生も死も皇帝の意のままとなる強烈な戦士とはなる。アラーの神と皇帝しか怖いものがなく、皇帝の寵を得るのが唯一の生甲斐のかれらは、勇敢であり精強であり残忍であった。かれらによって編成された皇帝の親衛隊はイェニ・チェリ（新しい軍隊）と呼ばれ、オスマン軍の精華とされた。一四五三年、宿敵東ローマ帝国の首都コンスタンティノープルの攻略戦で、最後の総突撃で勝利をもたらしたのはかれらであった。つづく十六世紀末までの対外領土拡張戦争でも、イェニ・チェリはヨーロッパ側の恐怖の的となった。戦争はアラーの神の嘉する聖戦（ジハード）であり、死者の魂は天国に召される。勇敢であれば皇帝に嘉せられる。勇武は当然であった。勲功のあった者には高位高禄が与えられた。が結婚は許されぬ。かれらは奴隷にしてエリート戦士であった。

イェニ・チェリは対外戦においてだけでなく、領内の治安維持においても活躍した。家庭生活も社会生活も知らぬかれらの性格の特色を一言に要約するならば、思いやりの欠除というのが適切であろう。かれらは、冷酷に、残忍に、徹底的に民衆に対した。かれらは本来のトルコ系、イスラム住民からも、恐怖と嫌悪と羨望をもって見られるようになった。オスマン支配下のキリスト教系住民は、オスマン宮廷の宗教差別支配に苦しんだが、やがては自分の子弟をイェニ・チェリにするために進んで提供する者も増加した。それは一面ではたしかに「出世コース」でもあったのである。
十七、十八世紀のオスマン・トルコ宮廷の歴史は、専政国家の権力の集中点「帝位」をめぐる血なまぐさい、陰湿な争いに満ちている。それにはかならずといってよいほど、イェニ・チェリの黒い影がまつわりついている。他をおしのけてでも自分が皇帝に可愛がられたい親衛隊戦士相互の競争・嫉妬・陰謀・暗殺etc。そして、トルコ系やイスラム教徒たちとの対立・抗争etc。イェニ・チェリは皇帝たちの宮廷にとっても紛争の源泉になってしまった。十九世紀の前半に、蛮勇にも似たイェニ・チェリの処理・抹殺・廃止がやっと遂行されてこの黒い軍団史は終る。が、このときにはオスマン帝国自体が「病める巨象」のように、ヨーロッパ諸列強の「遺産分割」の対象となりはてていた。
ヨーロッパの人びとは、昔の恐怖と憎悪を、いまでは嫌悪と軽蔑にかえて、イェニ・チェリについてもの語る。ある史家は「グロテスク」と言う。そして、憤懣も嫌悪も、イェニ・チェリそれ自体に対してよりも、そのような奇々怪々な非人間的戦士を幼少年期から強制飼育したトルコ宮廷の狡智に対して、より強く向けられている。宗教的対立とか民族感情とかを割引いて考えねばならぬ点はあるにせよ、その視点は正しいと考えざるをえない。日本にもついこの間まで幼年学校という畸型児養成機関があったことが思い浮べられる。

ベルリン防衛少年隊

一九四五年四月、ナチス・ドイツは東西からひた押しの連合軍によって潰滅にひんしていた。ベルリンはソ連軍に包囲された。ドイツ三軍もほとんど消滅寸前。軍事知識のない素人でも「絶望」とし

〔写真１〕 ベルリン防衛少年隊を閲兵するヒトラー

〔写真２〕 捕虜になった防衛少年隊

か考えられぬこの断末魔に、ヒトラーはベルリン防衛――死守・玉砕を厳命した。そして少年隊を組織した。文書記録が見当らぬので、正確な日時、少年たちの年齢、人数、編成、志願か強制かなどが分らぬのが残念であるが、私の知るかぎりでは二枚の写真が事実を示している。

〈写真1〉は少年たちを閲兵しはげましているヒトラーの写真で（これが生きているヒトラー最後の写真と言われる）、ドイツ側の撮影（村瀬興雄『ヒトラー・ナチズムの誕生』誠文堂新光社、昭和三十七年、口絵より）。〈写真2〉は捕虜になった少年たちの写真で、むろん連合国側の撮影（コーネリアス・ライアン著、木村忠雄訳『ヒトラー最後の戦闘』朝日新聞社、昭和四十一年、口絵より）である。これから以下のことが言える。

ヒトラーは少年たちを絶望的な最終戦に投ずることを、積極的に肯定し推進したこと。写真に見える少年たちの年齢の最もおさない者は十二、三歳を越えないであろうこと。少年たちは、銃やバズーカをもつ正規軍戦闘に投じられたこと（ナチスや日本軍占領下での少年たちの抵抗は、ほとんどがビラはりや連絡などであった）。そして当然にも、ほとんど戦力にならなかったらしいこと。

絶望的な戦闘に、戦力にならぬ少年を投入する。この一事だけで、私はヒトラーなる男の非人間性を憎む。少年たちは志願したのかもしれない。ヒトラー体制の危機を民族の危機と信じたのかもしれない。指導者の言葉を真にうけて、自分でも戦力たりうると思ったのかもしれない。敗けるよりは死を選ぼうとしたのかもしれない。がもしそうとしても、かれらを死から遠ざける努力をするのが、指導者であり、上長であり、大人の役目ではなかろうか。敗北が不可避となったのなら、民族の最良の子等を一人でも多く残そうとするのが、権力者の、政治家の、愛国者のせめてもの責任というものでではないであろうか。

ロクな戦力になるはずもない少年たちまでを死地に投じておいて、当のヒトラーは防空壕内で生活し、最後に自殺した。他の自殺を「戦力のロス」としてきびしく禁止したかれがである。その二通の遺書は言う。「捕まって恥をさらしたくないから自殺する」「戦争で敗けるような民族は劣等民族なのだから、絶滅してもかまわない」「敗戦の原因は私にあるのではなく、私の意見をおこなわなかった将軍たちや将兵にある」。ここまで厚顔、独善、虚偽、無責任をおし通せば悪魔的としか言いようがない。かれの最後の言葉の中には、少年隊はおろか、ドイツ軍将兵、国民への感謝や詫びの一言だにないのである。異民族に対して平然と絶滅政策をおし進めた男は、自民族の絶滅さえ望む男であった。これが自称「愛国者」であったのだから、ドイツ民族も救われようがない。

さすがに戦後ドイツで、ヒトラーを褒めたり支持したりするものは、学問やジャーナリズム段階ではない。そして、まさにムダ死させられた（させられそうになった）少年たちの顕彰運動も、寡聞にして私は知らない。もし生き残りのヒトラーの協力者たちが、「少年たちの愛国心と献身性を賛えよ」と主張し、「少年隊を発案し実施した人たちも愛国者であったと認めよ」と言うならば、どうであろうか？

少年や若者は純粋である。無垢である。献身的である。美しい。が、それは、その思想内容や特定の価値観の故にではない。かれらは、どんな内容でも受け入れてしまうほどにやわらかい心をもっている。信じ愛してしまったもののためには身命までも賭するから、切なく、美しいのである。その美しいものを利用した者こそが、最もみにくい人たちであることを、上記外国の三例は示している。くりかえして言う。献身する若者たちの美しさは、あぶなく、切なく、かなしい美しさなのであって、献身されたもの——神、教皇、皇帝、ヒトラー、ナチス体制などの美しさでも正しさでもないのである。

第五章註

(1) 高木俊朗『戦死』朝日新聞社、昭和四十二年
(2) 鈴木英次『ああサムライの翼』光人社、昭和四十六年
(3) 同右
(4) 関根精次『炎の翼』今日の話題社、昭和五十一年
(5) 岩川隆『我れ自爆す、天候晴れ』中央文芸社、昭和五十七年
(6) 森史朗『海軍戦闘機隊』第三巻、R社、昭和五十一年
(7) 吉村昭『海軍乙事件』文芸春秋、昭和五十一年
(8) 後藤基治『海軍報道戦記』新人物往来社、昭和五十年
(9) ホルムズ著、妹尾作太男訳『太平洋暗号戦史』ダイヤモンド社、昭和五十五年
(10) トーランド『大日本帝国の崩壊』第三巻
(11) J・D・ハリントン著、妹尾作太男訳『ヤンキー・サムライ』早川書房、昭和五十七年

(12) 福留繁『海軍の反省』日本出版協同ＫＫ、昭和二十六年
(13) 福留繁『海軍生活四十年』時事通信社、昭和四十六年。私（小沢）は未見、妹尾氏の引用による。
(14) 金一勉『天皇の軍隊と朝鮮人慰安婦』三一書房、昭和五十一年
(15) 熊井敏美『フィリピンの血と涙』

終章　つらい真実

生田惇氏は著書の末尾で（二五〇頁以下）特攻隊の歴史への功績をあげて言う。

特攻隊が代表する（と氏は言いたいらしい）「日本の強烈な抵抗意識は、連合軍側にさらに大きな作戦的強圧、すなわち、原爆投下、本土上陸作戦、ソ連参戦などを準備することになった。反面、上陸作戦で予想される人的大損害を避けようと、無条件降伏に条件を付したポツダム宣言を発した」、その十一項「日本の世界貿易への参加」、十二項「日本占領兵力の撤収の約束」で、「日本の自由と独立は保証された」「結局、日本はポツダム宣言を受諾して終戦を迎える」と。

引用が長くなったが、このような評価が成立するであろうか？　反論せざるをえない。

(1)　原爆投下とソ連参戦との関連は、一九四五年二月のヤルタ会談で、ソ連参戦が米英側から希望された。人的損害への怖れからである。スターリンは、ドイツ降伏後三カ月後の対日参戦を約した。が七月末、ポツダム会談の時期には、日本の敗北はソ連なしでも時間の問題と見られた。ソ連の参戦による取得物への心配の方が大きくなっていた。その開催中、アラモゴルドでの原爆実験が成功した。戦後処理について過大な要求をするスターリンに対して、トルーマン、チャーチルは抑止を切望、切札としての原爆使用となる。かくて「第二次大戦の最後の一発であるよりは、戦後の対ソ威嚇の最初として」広島・長崎が破滅させられたのである。日本の抵抗意識を考慮したのではなく、口実に利用しただけである。

そして、次のことは認めねばなるまい。七月末にポツダム宣言が発表されてから、日本が八月十四日に最終的に受諾するまでのわずか二〇日たらずの間に起った最大の悲惨事は、広島、長崎への原爆の投下と、ソ連参戦による満州・樺太における事態であったろう。ポツダム宣言をすぐに受諾していたら、それらの悲惨事はすべて起りはしなかった。抵抗意識の強調は、敗戦の悲惨さの激化を「功績」視することにならないか？

(2)　ポツダム宣言が、無条件降伏から条件つきになった功績は、抵抗意識の強烈だったためか？連合軍側が日本の「無条件降伏」を表明したのは、一九四三年十二月のカイロ宣言においてである。これが日本やドイツに逆宣伝されたので、一九四五年二月のヤルタ会談で「無条件」の内容をとりきめ、七月のポツダムで公表した。この間に特攻がはじめられたのだから、巨視的には「抵抗意識の強化」の功績にも見える。が、ヤルタ会談とポツダム会談の記録のどこにも「日本の抵抗意識が強いから条件を緩和しよう」という発言や提案は見られない。かれらは勝利が現実のものとして目の前にせまったので、具体的な内容を決定し、示したのである。そして日本に、その無条件受諾を要求したのである。

重要なのは、ポツダム宣言の主内容が、第十一、十二項ではなく、「日本国国民を欺瞞し、之をして世界征服の挙に出づるの過誤を犯さしめたる者の権力及び勢力」の打倒であったこと、すなわち、天皇制軍国主義の打倒にあったことであろう。第十一、十二項は、そのような「無責任な」勢力が再起しない見通しのついた場合にのみ「保証された」のである。だから、第九項では、日本軍の完全武装解除後の家庭への復帰を言い、第十三項では結語的に、日本政府による「全日本国軍隊の無条件降伏」の宣言と実施を要求しているのである。

(3) 戦後の繁栄の基礎を、生田氏は第十一、十二項にありとされるが、二次的条件の拡大にしかすぎない。繁栄の尺度を経済面にかぎって考えてみても、国力不相応な侵略用の軍隊の消滅(自衛隊が旧軍隊の後身だというならば、縮小)をだれしも第一にあげざるをえないだろう。生産技術の発達にせよ、人権をふみにじった天皇制国家と、人命まで無視した天皇制軍隊の崩壊が、不可欠の条件であった。思想や文化面では指摘する必要もあるまい。

ところで、七月二十六日に発表されたポツダム宣言を「絶対拒否せよ」と主張し、鈴木貫太郎首相に圧力をかけて「無視」と新聞発表させたのは、ほかならぬ軍、とくに陸軍上層部であった。受諾反対の理由は「国体——天皇制護持の保証がない」である。最後まで陸軍が受諾に反対したこと、その理由が「国民」ではなく天皇制だったこと、このことは生田氏の尊重する公的文書、外務省編『終戦史録』など、どのような記録を見てもくいちがいはない。結局、受諾回答は半月以上もおくれた八月十四日となり、それまでに、広島、長崎、満州をふくむ多大の犠牲が、まさにムダに失われたのである。特攻隊を出し、一億玉砕を叫び、天皇制と日本民族を心中させようとした人たちが、ポツダム宣言を国民の目や耳からかくしたのである。

もし生田氏が「ポツダム宣言こそ日本再生と繁栄の保証」と信ずるなら、受諾を拒否し、敗北するよりは民族の滅亡を主張した人たちをどのように評価しているのだろうか？

(4) 私は、よく戦った者を高く評価する。いまとなってみれば、戦うべからざるおぞましい侵略戦争であったにはちがいないが、当時の若い戦士たちに、それを認識できる条件はなかった。正義と信じて、よく戦った者の美しさは胸を打たずにはいられない。

だからこそ、よく戦わなかった者、よく戦わせなかった者を軽蔑する。若者や下級将兵が、死を期して抵抗意識に駆られるのはよい。が、事実上の軍事力にならない「意識」だけをかきたてて、それが反撃力と強弁したような指導者をにくむ。「クソの役にも立たぬ」体当りに若者を投じた無能と反人間性に怒りを禁じえない。「自存自栄のため」の戦争と言いながら、どうにも敗北が不可避となったときに、一億玉砕を主張し、民族の滅亡を高唱した指導者に呆れはてる。

そして戦後になって、多くの人が自由と平和の価値に人間としてのよろこびを疑わなくなっているときに、自由と平和をこそ最大の敵とした人たちが、過去の愚行の正当化を言う厚顔さに絶望する。

(5) 多くの特攻隊の礼讃者は枕言葉のように、異口同音に言う、「もう戦争はしてはならぬ」と。同時に言う、「戦後の日本の平和と再生、繁栄は特攻隊を代表する尊い犠牲のおかげ」。そして「国を守る気概」を要望する(生田書では二五五頁)。ここにも論理の乱暴なスリカエがある。

だれしも戦争はしたくないだろう。とくに敗け戦はコリゴリと思う人は多いだろう。私が強く言いたいのは、不正不義の侵略戦争だけは、自国のであれ他国のであれ、絶対に反対ということである。そして、どのような侵略戦争もかならず「自衛」とか「自存」とか「予防」とかの美名(すくなくとも正当化)によって起された。東アジアをまきこんだ侵略戦争の破綻の段階で特攻隊が出たので、一種の自衛または抵抗の要素が見られはする。国や民族を守る「気概」はあった。が、それは侵略戦争の破綻と崩壊の段階でのことであった。最初の特攻隊は、フィリピンという外国領――日本軍占領地で出現した。フィリピン人のためにではない。天皇制軍国主義のためにであった。

「国を守る気概」を要求するならば、その「国」は、国民が犠牲をいとわずに守りたくなるような「国」であってほしい。国民からすべてを奪ったがなにひとつ与えなかった天皇制国家や天皇制軍隊の維持や繁栄のためなら、指一本動かさぬ抵抗こそがあって当然であろう。旧支配者たちは、なにひとつ与えず、すべてを国民から奪った天皇制国家と軍隊のウマミが忘れられないのであろう。

特攻隊こそ戦後の平和と繁栄の基礎という殺し文句は承服できない。

特攻は戦術としておこなわれたのである。敵を叩くために、勝つために、敗けぬために、敗北を一日でも先にのばすためにおこなわれたのである。多くの若者は、天皇のために、日本帝国の存続のために、日本民族の滅亡をおそれて、死地に入ったのである。

敗戦イコール民族の滅亡、天皇制の消滅イコール民族存続意義の消滅と思わせられたからこそ、捨身を怖れなかったのである。断じて降伏とか平和とかのためではなかった。

それが、天皇制と天皇制軍隊の消滅が、日本民族の抹殺どころか、再生と繁栄（経済面にかたよりすぎていたが）をもたらしたではないか？　ポツダム宣言でも、降伏して打倒されるのは、日本民族でなく天皇制軍国主義であると、明示していたではないか。それを国民や若者に、知らせず信じさせなかった者はだれだったのか？　若者たちを死と戦争続行にかりたてたのはだれだったのか？

しかも特攻隊の相当数は、平和な社会でこそその能力を発揮するにちがいない学徒兵（予備学生）であった。平和の時代に最も日本をリードする若者たちをムダに殺しておいて、その死が繁栄の基礎とは、どうして言えるのか。戦後の平和と繁栄は、若者たちがムダに失われたのをのりこえて到来したのであって、その死ゆえにではない。繁栄の功績を死者にゆずることは、死者へのはなむけであるよりは、死を強いた者の責任回避に通ずるであろう。特攻隊を実施しなかったら、戦後の日本の再生と繁栄は、より速やかに、よりすこやかに、より明るくおこなわれていたことであろう。死んだ若者たちの多くは、ひとをおしのけるような出世主義者ではなかった。ひとの迷惑でしかない恣意や私利を「お国のため」と強弁するような、参謀精神や公害企業精神の所有者でもなかった。

体当り特攻戦術は、対外侵略戦争を主眼とした天皇制軍隊が、建軍以来はじめて全面防禦段階に追いつめられたとき、防衛戦法を等閑視した結果としての空隙をうずめる戦法として、上部から強行実施された。海軍体当り機の過半が、近距離防空戦闘機や急降下爆撃機ではなく、手なれた遠距離制空戦闘機・ゼロ戦であったことが、その空隙をもの語っている。

体当り戦法は、日本の民族の精神とか伝統どころか、明治以降の天皇制軍隊にさえ見られなかったデスペレートなものであった。伝統をいうならば、天皇制軍隊において世界に冠たる人命軽視と人間無視が、その企画・実施・強行を可能としたことは認めなければならない。

奇襲が強襲に、ついで通常戦法から唯一の戦法となるの間、兵力の逐次投入という戦術上の初歩的なミスに固執するとおなじことになり、乗員練度は否応なしに低下し、機器は改善されず、敵側の対策のみ強化され、戦果は加速度的に逓減した。それにつれて、体当り要員への自発性も当然にも低下した。が、戦果よりも若者の死にざまに主たる成果を求める軍上層部は、強行・強制の度合を深めて、無能と頽廃と敗戦の悲惨さとを増幅した。強兵勇卒も、劣将・愚将・無能参謀の下では役立ちえぬ典型例となった。

戦後、特攻戦法の有効性と自発性が、特攻を強制するのに狂奔した人たちによって、とくに熱心に強調された。死者はかれらの醜愚を蔽(おお)うイチジクの葉として美化されたのである。したがって、体当り戦法の実態と同時に、その神話化のプロセスが、天皇制軍隊上層部実力者たちの心性をクッキリと示している。太平洋戦争の多くの局面と同様に、体当り戦法も、権力をゆだねては決してならぬ知能と道義水準の人びとによって、指導されたことが改めて確認される。愚かしい太平洋戦争と醜い天皇制軍隊のうちで、特攻だけを「神話」とする「聖域論」は拒否されねばならない。

つらい真実を認めず、虚構にしがみつく人たちを支えている精神的風土——高木俊朗氏が的確に指摘した「敗戦時における戦争諸責任究明の不徹底さに根源をもつ」アイマイさの「民族的伝統」は、復活横行している。特攻をふくめての多くの人の死は、いまになって死者を顕彰することではなく、まさにそれがむなしかったというつらい真実を直視するときにのみ、大きな意味をもちうる。それをくり返さぬ決意と努力こそが最大の鎮魂ではあろうから。

あとがきに代えて

Sは、私より二歳年長、東大在学中に海軍予備学生となり、沖縄への特攻組となった。敗戦直後の昭和二十年秋、再会した私に説明した。エンジン不調で、ペアと相談、島に不時着して生き残ってしまったと。

「惜しいことしたなあ、きれいに死ねたのに」

彼への尊敬と羨望が、若干の軽蔑をふくんだ同情に変った私に、答えるともなくSはつぶやいた。

「美しい死——戦死なんてあるのかなあ」

私の言葉への反撥ではなく、苦渋に満ちたかなしい口調であった。会話はとぎれ、その後もSの特攻体験を聞くことはなかった。

翌昭和二十一年夏、フィリピンからの復員船に乗務していた私は、基地隊だったらしい一群の兵士の会話を耳にした。一機の特攻機が、爆装の重さに耐えかねてか、離陸しきれずに、滑走路の延長線上に突っこんで自爆したという。富永第四航空軍司令官以下幕僚の眼前でのこと。一人が叫ぶように言った。

「どうせ死ぬならよ、富永たちに突っこんでなら本望だったろうになあ」

吹き出るように同感の声が渦まいた。戻ってきた特攻隊員に対する司令官や参謀たちの冷酷な嘲罵や仕打ちが、つぎつぎと回顧された。どの話も、私の血を逆流させた。

私自身の体験からも、軍隊の不条理と軍人の愚劣さは知っているつもりでいた。が、無邪気にも、「特攻隊だけは別」と思いこんでいた。特攻隊員に対してだけは、上下一体であり、信愛の関係が貫いていた、とばかり信じていた。が、貫いていたのは、やはり日本軍隊の醜悪さであった。旧軍への信頼の最後のカケラを、私はバシー海峡に捨てた。真実を知りたい、と思った。

その後ゆっくり話す機会もないうちに、トップエリートコースを歩みはじめていたSは、自殺した。遺書はなく、原因は失恋であったかもしれない。幾人かは、Sが特攻死した方がよかった、と言った。が、私は、生の放棄には反対しつつも、特攻死でなくてよかった、と心から思った。その死は、美しいとは言わぬが、静かな消滅であったし、「聖」を自称したがった天皇制軍隊が、戦死者の讃美こそを愚行の免罪符とする常套手段の適用不可能な死ではあった。

特攻からの種々の生還者の記録に接するたびに、私の中をよぎる追憶である。

一九八三年三月

小沢郁郎

新版にあたって

昭和五十八年四月の初版刊行以来、多くの方から種々の御批判をいただいた。

一、最大のミスは「震洋隊」部分で、野崎慶三氏の御指摘（「オールネービイ」四五号）による。まったくの事実上の誤りで、震洋隊についての機密の壁が厚かったとはいえ、私の調査不足が原因である。誤りと知りながら放置することは許されぬので、それと知った九月初頭に、在庫初版はすべて破棄し書き改めた新版を作製することとした。版を改めた最大の理由である。野崎氏はじめ、震洋隊関係者には改めてお詫びする。

二、京都の平野謙二氏の御指摘によると、「神風特攻」第一陣の下士官たちは、九期飛行練習生ではなく、甲飛十期生であると。特攻関係の最初の書、猪口・中島共著「神風特別攻撃隊」（昭二六年）での誤りが、そのまま踏襲化されて定説化してしまったらしいと。甲飛十期生生き残りの『散る桜残る桜』（昭四七年、非売品）を御教示下さった。すぐに調べてみたところ、御指摘通りであった。再版での訂正をお約束したが、いまここに果すことができた。

三、福島尚道氏からは、「（陸軍航空特攻を）戦術として考えすぎている」と御注意をうけた。氏の「特攻反対」の御主眼は、「戦術にもならない特攻を、戦略としてだけ（一億玉砕の心構えを国民にまでもたせるため）強行したこと」にある。氏の御教示の引用が、氏の御主眼から離れた責任は、私にある。

四、高島亮一氏（陸航士五二期、軽爆隊で歴戦、部隊感状三度、高島編隊として賞詞一回の後、陸軍航空審査部部員、敗戦時少佐、現福岡市在住）の御教示は、詳密で尨大。中でも、キ一一五機（通称「剣」。本文四五頁でふれた）の特攻使用適否決定の主務者であられたさいの回顧は、直接関係者としての証言で、他の件も併せて、陸軍航空特攻に関する第一級の資料であろう。私蔵・死蔵すべきではなく、紹介をと考えたが、断念した。内容的に優に一書（すくなくとも一文）をなすべきものであり、部外者の私が間に入らぬ方がよい、と判断したからである。拙著については、主旨は判るが、キメの荒さと視点に偏りがある、との御指摘をいただいた。氏の御教示をえただけでも、（氏が一書をまとめられるならば一層）初版の意味はあったと感謝している。

すべての御批判やら御教示やらが、例外なく「特攻の実態を」という烈しいものの発露噴出であることを肝に銘じさせられた。新版によって、一歩でも実態に近づくことができたなら、とねがっている。

一九八三年九月九日

著　者

『つらい真実―虚構の特攻隊神話―　改訂版』によせて

「特攻」の嘆きは深し、闇の底にさまよう想い

大濱　徹也

1　「つらい真実」が問いかけたこと

小沢郁郎は、「六歳で満州事変、一二歳で日中戦争、一六歳で太平洋戦争、二〇歳で敗戦」を迎えた「戦中世代」の一人であり、「特攻隊たることを自他に誓っていた」高等商船学校学生として海上の戦闘に巻き込まれた「小戦士」でした。「死」を意識して戦っていた「小戦士」の心は、「突然の敗戦」によって、「自己の死の意義」を信じて逝った者への「灼くような羨望」に衝き動かされたという。この衝動は、その死を「ムダ死」とみなす世間の目に対し、激しい「疑問と怒り」となりました。その怒りは、戦争末期の特攻隊員が小沢の上下三年に集中している事実を知り、同世代が負わされた「戦争での死」に向き合い、敗戦日本で生きる己の場とは何かを問い質すことになります。本書は、この想いを「生き残った者」の責務だと自覚し、「死者」が負わされた「死」の意味、出撃時にすでに死が「下令」され、「必死」が課されていた特攻隊というシステム、死を制度化した国家と軍隊の在り方を克明に解析した作品です。

小沢は、特攻隊の戦術や死を甘受した隊員の姿を「天皇」「国家」「民族」への献身として言挙げする「特攻神話」を凝視し、「体当たりの技術的解明」「体当たり特攻の戦果と犠牲の検討」を数値

的に検証すること、「体当り志願制」という罠を問い質し、このような戦術を制度化し、日常化した「天皇制軍隊」を告発することで、その虚構に込められた闇を徹底的に暴き出したのです。ここに描き出された世界は、戦術としての拙劣さ、戦果を伴わない死の虚妄なることを明らかにし、操縦者の練度を問うた「体当りの技術」、使用特攻機器と人員の損害を数値的に検証した「犠牲と戦果」で解明し、その虚しき「特攻死」を個別具体的に語ることで、「特攻美談」を弾劾してやみません。そこでは、かかる「死」を制度となし、日常化した軍隊、かく特攻という戦術を実行した、実行せしめた軍の体質、国家の在り方が徹底的に告発されています。

若者たちの献身が純粋で美しくあればあるほど、その若者たちの生も死も利用しつくす者の醜悪さはきわだつ。特攻隊は、その実施時の実態においてとともに、その「神話化」の過程において、昭和期天皇制軍隊の恥部—指揮官・参謀クラスの醜悪さをかくすイチジクの葉として利用されつくしている。

体当り戦法は、日本の民族の精神とか伝統どころか、明治以降の天皇制軍隊にさえ見られなかったデスペレートなものであった。伝統をいうならば、天皇制軍隊において世界に冠たる人命軽視と人間無視が、その企画・実施・強行を可能としたことは認めなければならない。

かかる厳しい告発は、特攻隊員の「実態の復元と事実の尊重以外に、死者の鎮魂はありえない」との祈りにささえられ、もの言わぬ死者が負わされた死に向き合い、鎮魂の譜を奏でる営みにほかなりません。そこには、特攻を課された者に同伴し、時代の闇を描こうとの強い志があります。まさに小沢は、特攻隊員に伴走することで、特攻といわれる制度化された死の実態にせまり、「特攻神話」として語られてきた物語の虚構を暴き、「つらい真実」を世に問いかけたのです。

「つらい真実」を説くことは、死地に馳せ行く「戦士」の同世代として、「戦うべからざるおぞましい侵略戦争であったにはちがいないが、当時の若い戦士たちに、それを認識できる条件はなかった。正義と信じて、よく戦った者の美しさは胸を打たずにはいられない」とその死を弔い、鎮魂の想いを表白したものにほかなりません。

「若い戦士」と呼びかけられた若者は、己に下令された「死」にどのように向き合い、死を受けとめたのでしょうか。小沢は、「特攻神話」の虚構を具体的な数値で解析する作業を主たる課題としたため、「正義と信じて、よく戦った者の美しさ」に心をゆさぶられたと語りかけたものの、「戦士」一人ひとりが抱えていた闇を想い描けませんでした。その闇を問うことは、小沢のみならず、生き残った「戦士」にとり、己の身を切り裂くことなくしてなし得ない、生き残った者が負い続けねばならない心身に刺さった棘の痛みを反芻することにほかなりません。

それだけに小沢は、生きて在る限り痛みつづける棘を痼疾となし、その痛覚にたえながら「特攻神話」の虚構を「つらい真実」として語りかけたのです。しかし「つらい真実」に潜む闇は、同世代の「戦士」に同伴して時代に向き合い、死者を「よく戦った者の美しさ」とかたるものの、一人ひとりの生き死に、戦士の相貌として描き出せなかったのです。その死に潜む闇は、同世代人小沢にとり、あまりにも深い深淵でした。それだけに「つらい真実」に刻み込まれた闇の底にさまよう若き「戦士」の声は、その心に寄り添うことで、はじめて聞くことが出来るのです。死者の声に耳を傾けることは、「つらい真実」に向き合い、「私」の場を確かなものにする営みにほかなりません。この声に耳傾け、現在何が問われているかに想いを馳せることにします。

2　海軍第一四期飛行専修予備学生林市造の相貌

林市造は、京都帝国大学経済学部から学徒出陣し、海軍第一四期飛行専修予備学生となり、特攻隊に編入され、昭和二〇年四月一二日に戦死します（加賀博子編『日なり　楯なり　林　市造遺稿集　日記・母への手紙』）。

大正一一年二月福岡県福岡市荒戸に生まれ、昭和一七年一〇月京都帝国大学経済学部入学。一八年一二月佐世保第二海兵団に二等水兵として入団、一九年二月土浦海軍航空隊へ転属、海軍第一四期飛行専修予備学生となり基礎教育を受け、一九年五月出水航空隊へ転属、飛行訓練に入り、九月朝鮮元山航空隊に転属、戦闘機搭乗員として速成訓練を受け、一二月海軍少尉任官。二〇年二月二二日特別攻撃隊編成で特攻隊に編入され、三月三一日特別攻撃隊命令を受け、四月四日元山航空隊進発、五日釜山航空隊進発、鹿屋航空隊到着。一二日菊水第二号作戦発動、市造は第二七生隊として出撃、与論島東方の敵機動部隊に突入、一七機全機「散華」。市造戦死、二三歳。

海軍第一四期飛行専修予備学生の姿は、小沢が「予備士官あわれ」として、杉山幸照少尉の証言を紹介したなかに読み取れます。予備学生と予科練生からなる特攻隊員は、「軍人精神がまるでなく、飛行技術も未熟だとののしられながら、離陸すらやっとの整備不良の零戦で出撃させられた。鹿屋基地で、出撃の順番を待つ同期の人たちの、ひきつった蒼白な顔を、今でも一人一人思い出すことができる。友らは、気力だけで飛び上がったのである。学徒たちは紙屑のようにころされた」（『悪夢の墓標』）と描かれています。林市造は、このような状況下におかれていた予備学生の一人として、死を迎える日々を送ったのです。

その日記「日なり楯なり」は、元山航空隊学生舎第五分隊で昭和二〇年一月九日より記しはじめたものです。表題の「日なり楯なり」は、旧約聖書詩篇第八四篇一一節「そは神エホバは日なり盾なり、エホバは恩と栄光とを与へ直くあゆむ者に善物(よきもの)を拒みたまふことなし」よりつけたものです。この聖句は、現在の新共同訳八四編一二節「主は太陽、盾。神は恵み、栄光。完全な道を歩く人に主は与え、良いものを拒もうとはなさいません」にあたるものです。

「日なり楯なり」との表題には、特攻隊に編入されることを覚悟したキリスト者林市造が、信仰者としていかに生きるかを問いたいとの想いが託されています。出征にあたり贈られた国旗は、母が詩篇第九一篇七節「千人は汝の左に倒れ万人は汝の右に倒る。されどその災害(わざわい)は汝に近づくこと莫(なか)らん」、姉が詩篇第八四篇六節「かれらは涙の谷を過れども其処を多くの泉ある処となす」と記したものです。ここには市造をとりまく家族、キリスト者の信仰共同体の祈りがあります。市造は、家族の祈りを我が祈りとなし、日記に己が心を認め、母に手紙を書くことで、生きて在る己の場を確かめております。

市造の日記は、二月六日に二三歳の誕生日が「軍隊の中に居るのでいつもと少しも違わねど、やはり一寸さわやかだ」とあり、八日に「木曜日　晴れ」と記したあとは空白です。そして特攻隊編入が下令された二月二二日に「死場所」を与えられたことを淡々と認めます。

私達は大君のまけのまにまにと云ふ言葉の通りにいけばよい。私達は死場所を与えられたるものである。新しく編成せられたる分隊の下、私達は突込めばよい。人間は忘却する術を有する動物である。

市造らは、上官から「大君のまけのまにまに」「死場所を与えられた」名誉だと告げられ、特攻隊編入の命令を受けたのです。この元山航空隊における特攻隊編成については、蛯名賢造が『海軍予備学生』で、「特攻隊は志願ではなく命令であった」となし、毎朝六時の総合集会で海軍体操の後、青木司令や飛行長から「以下の者は特別任務に服する」とつげられたのだという。この命令は沖縄戦初頭以降、四月から五月にかけほとんど毎日発令されたという。市造への下令は二月二二日、沖縄特攻への先陣の一人とされたのです。日記は、命令を淡々と記し、「人間は忘却する術を有する動物である」との最後の一言にはある無念さがこめられているのではないでしょうか。

この特攻隊編入は、元山から「お母さん、とうとう悲しい便りを出さねばならないときがきました」と書き出し、「親思ふ心にまさる親心　今日のおとずれ何ときくらむ」との吉田松陰の辞世の歌によせて、死を決定された己が想いを母に知らせていました。手紙は、「晴れて特攻隊員と選ばれて出陣するのは嬉しいですが、お母さんのことを想うと泣けて来ます。母チャンが私をたのみと必死でそだててくれたことを思うと、何も喜ばせることが出来ずに、安心させることもできず死んでゆくのがつらいのです。私は至らぬものですが、私を母チャンに諦めてくれ、ということは、立派に死んだと喜んで下さいということはとてもできません」と語りかけます。そして特攻選抜は、「技倆抜群として選ばれるのですからよろこんでください。私達ぐらいの飛行時間で第一戦に出るなんかほんとは出来ないのです。選ばれた者の中でも特に同じ学生を一人ひっぱってゆくようにされて光栄なのです」と隊内における己の場を述べ、「特攻死」する覚悟を披歴しています。

お母さん、私は男です。日本に生まれた男はみんな国を負うて死んでゆく男です。有難いことに、お母さん、お母さんは私を立派な男に生んで育てて下さいました。情熱を人一倍にさずけて下さいました。お母さんのつくって下さいました私は、この秋（とき）には敵の中に飛びこんでゆくより外に手を知らないのです。

立派に敵の空母を沈めて見せます。人に威張って下さい。

ともすればずるい考えに、お母さんの傍にかえりたいという考えにさそわれるのですけど、これはいけない事なのです。洗礼をうけた時、私は「死ね」といわれましたね。アメリカの弾にあたって死ぬより前に汝を救うものの御手によりて殺すのだといわれましたが、これを私は思いだして居ります。すべてが神様の御手にあるのです。神様の下にある私達には、この世の生死は問題になりませんね。

エス様もみこころのままになしたまえとお祈りになったのですね。私はこの頃毎日聖書をよんでいます。よんでいると、お母さんの近くに居る気持がするからです。私は聖書と讃美歌と飛行機につんでつっこみます。

私はお母さんに祈ってつっこみます。お母さんの祈りはいつも神様はみそなわして下さいますから。

3　闇の底に谺する声

かく市造は、「お母さん」により添い、幼子のごとき思いで、千々に乱れる死すべき己の心を伝えようとしたのです。その日記「日なり楯なり」は、特攻隊編入の翌昭和二〇年二月二三日から死を下令された者として、己の死とは何かに向き合い、母に寄せる想いを問い語っています。そこには、下令された死にどのように向き合うかを、ひとりのキリスト者日本人たる我なる想いが熱い筆で認められております。その思念には、幼くして父を失い、母の庇護で育てられた日々に重ね、母に寄せる恩愛がほとばしっています。二三日の全文を紹介します。

私達の命日は遅くとも三月一杯中になるらしい。

死があんなに怖ろしかったのに、私達は既に与えられてしまった。

私は英雄でもなく、偉丈夫でもない。凡人である身には世のきづなと絶たれることが、耐えられなくなってくる。私は遊びという遊びはやったことがないけれど。遊びというものに対しては、未練はあってもたいしたことはない。私の過去は少なくとも私の環境は美しかった。それだけ私は夢をみて死ねる気がする。だけど、私の母のことを考えるときは、私は泣けて来て仕方がない。母が私をたよりにして、私一人を望みにして二十年の生活を闘って来たことを考えると、私の母が才能のある人であり、美しい人であり、その半生の恵まれていた人であっただけ、半生の苦闘を考えるとき、私は私の生命の惜しさが、思われてならない。

私もともども楽しい日を送りたかった。

世の人はいろいろの慰めをいうかもしれない。けれども母の悲しみのいやされることが、あるべき筈がない。

戦死であっても子を失ったということには変りはないのであるから。

私にとっては、死は心残りのすることであっても、行くべき道であり、私の心は敵船上めがけての突込みには、満身の闘志にもやされるに違いない。

世の人にほめられる嬉しさもある。大君の辺に身を捧げた安心もあるに違いない。

けれども母にとっては私の死は最後でしかないであろう。

母のことを考えると私は泣くより仕方がない。

しかし、若きもののふの戦に死ぬことは、子を失うことは、全世界の人にあたえられた試練である。私の母が悲しかりとも、世の人よりおくれて最後までのこるものとは思われない。必ず立直ってくれるであろうということが信じ得る。

それにもまして、私は私の母が信ずる神を信じているということは何という強味だろう。すべては神のみむねであると考えてくると私の心はのびやかになる。神は母に対しても私に対しても悪しくなされるはずがない。私達一家への幸福は必ず与えられる。

私はいつか死んでも、いつか母と一緒にたのしく居ることを夢にみる。

残る世の人々が、きたなかろうとも（私が美しいとはいいはしない。私に比較してというのである。それはあまりに、だいそれた、あつかましい思いかもしれないが）私は国の美しさを知っている。世人の幸福という漠たるものは私の胸を打たないけれども、祖国の栄えるということは、危急のときにあたって私の必死のねがいである。

この国が汚い奴らにふみにじられるということは私にはたまらない。私は一死以って、やはりどうしても敵を打たねばやりきれない。

大君の辺に死ぬ願いは正直の所まだ私の心からのものとはいいがたい。だが大君の辺に死ぬことは私にさだめられたことである。私はそれを、私はこの道をたどって死にゆくことにより安心の境に入れることを、心から信じている。

死は忘却の内に行わる。私の感情の激するときは忘却するときである。私は死の瞬間を恐れることはない。私は死の恐怖が私の生活をみだすことを恐れなくてはならない。

かく林市造が認めた出撃前夜までの日記と手紙は、死を下令された現実に向き合い、己が心の闇を凝視し、死の意味を問いつづけます。そこには、この「必死」を課された青年として、残された存在の時間とどのように折り合いをつけるか、虚しき死をいかに受けとめ、限られた時間を人間、ひとりのキリスト者たる我を生かす信仰の在り方に思い致し、定められた死の意味をめぐり、心乱れる日々の想いが直截に述べられています。そのいくつかを摘記します。

私は戦死に心惹かれる。だが考えてみるとそれは逃避でしかない。

死は与えられているとはいえ、与えられる（現実に実際）時まで私は生への執着を保とうと思う。否保たねばならない。

私は死を考えない方がよい。私は却って死を与えられた現在に於ては生を考えようと思う。

生きようと思う。私は死を眼前に悠々たる態度をとるのでなしに、永遠に生きるものの道を辿ろう。（三月四日）

私は世の中に石を投じたいという願望、これは勿論私の存在を認められんとする心が入って居ないとはいえないが、この願望は、誤れるものに対する憤激である。私は私の心の空虚なるを感ずる。だが、人の空虚の何と目につくことか。私でさえ気のつくことを世の所謂指導者達が知らないでいる。私は二、三月を出ずして死ぬ。私は死、これが壮烈なる戦死を喜んで征く。だが同時に私の後に続く者の存在を疑うて欺かざるを得ない。

世にもてはやさるる軍人も、政治家も、何と、薄っぺらな思慮なきものの多きことか。誠の道に適えば道が分るはず。まさに暗愚なる者共が後にのこりてゆくを思えば断腸の思いがする。

大君の辺に死ぬことは古来我々の祖先の願望であった。忠なる人とは大君の辺に死ぬことをこい願った人のことである。

身を草莽の軽きに置かず、勿体なくも、大君のために自分が死ぬと云う。私は無論、大君のためと云うた人々のすべてが、自分の国に対する力を過大に評価して居たとはいわぬ。だがかかる人の何と多きことか。

宛然国中国を確立する軍人に於てかかるものの最も多きことは痛憤にたえないところである。老幼男女、一般の人々は日々の生を楽しんで居てそれ以上について云々しないのであるから、最もよき民草である。罪あるとするも軽い。しかるに枢要の地位にたつものは、殊に軍人は、その置かれた位置に乗じて、許しがたき罪、赤子であること、民であることを忘れるという罪をおかしてはいないのか。(三月一九日)

短き生命にも思い出のときは多い。恵まれた私には浮世との別離はたえがたい。けれども思いかえすまでもなく私は突込せねばならない。

出撃の準備整うてくるにつれて、私は一種圧迫される様な感じがする。耐えがたい。私は私の死をみつめることはとても出来そうにない。この一期に生きる。

安心立命の境地にたっしていない私には、ともすれば忘却の手段をかりて、事実を瞬間まで隠蔽させようとする。

けれども今私は手段を選ぶべきではない。その瞬間までも求めて、ばたぐるわねばならない。逃げににげた私の生命であれば、ここそは、最後の花をさかせる時なのだから。

文をかいても又文にだまされてしまいそうである。

人間はなんでこんな術を覚えたのか、弱い。

そして私はその弱さにこのんで沈んである。

絶望、絶望は罪である。

母からの便りまてど来たらず。私はこの時に至ってもやはり楽しかった家庭が忘れられない。

今一度でも会えざりともたのしみにひたりたい。

のこされし時間は少くとも私は私自身一個の精神となって死んで行きたい。(三月二一日)

日記は、三月二一日の末尾に「私が」と記されたまま、この後が書継がれていない。林市造は、

「特攻死」を命じられた己の死に向き合い、生きて在る己とは何かを狂おしいまで問い続け、己の心に忠実であろうともがいています。それだけに隊で目にする軍指導者の姿は、「七生報国」なる掛け声の下で死に行く者にとり、「許しがたき罪、赤子であること、民であることを忘れるという罪」だとみなされたのです。死すべき我が身に向き合う心は、かかる腐食を目にするにつけ、母とともにいる風景、母が居る「楽しかった家庭」を夢みることでしか、明日を生きる力をもてなかったのだといえましょう。

鹿屋基地からの母への手紙は、「私達の隊の名前は神風七生特別攻撃隊です。本日その半ばが沖縄沖の決戦に敵船団に突入しました」と書き出され、仮士官宿舎には電灯がないので、たきびで明るくして書いているのだと。日記は焼き捨てること、出撃の服装は飛行服に日の丸の鉢巻をしめ純白のマフラーをして「義士の討入」のようだと。「お母さんの千人は右に万人は左にとるとも……のかいてある国旗を身につけてゆきます。お母さん達の写真をしっかと胸にはさんで征こうと思っています」、「市造は一足先に天国に参ります。天国に入れてもらえますかしら。お母さん祈って下さい。お母さんが来られるところへ行かなくてはたまらないのですから。お母さん　さよなら」「こんな手紙かいて未練だと笑って下さらないで下さいね。さよなら　市造」と結ばれています。さらに出撃前日には、「お母さん、たいがいのことはかきましたね。今日は学校のオルガンで友達と讃美歌を歌いましたよ」、との一文で閉じています。オルガンで讃美歌を歌うことで心をしずめようとしたのです。

4　歴史を生きた者の呻き

林市造は、昭和一八年一二月の入隊から二〇年四月、二三歳での「特攻死」までの一年余、キリスト者日本人として生きる己の心の軌跡を母に伝えることで、死を負わされたものとして生きて在る我を確かめることができたのです。その死は、「われ敵艦船に必中突入中と次々に無線入り、一七機全機散華」と記されていますが、小沢が検証しているように航空特攻が「フィリピン戦期から沖縄戦期にかけていちじるしく逓減」しており、見るべき戦果も挙げられなかったという。市造の「特攻死」は、「散華」と称揚されようとも、かかる状況下での死、無惨な死だったのです。

己が死に向き合い己の生を確認する精神の営みは、いかに無惨な死であろうとも、小沢が「若者たちの献身が純粋で美しく」と心寄せた原像にほかなりません。そこには戦場に屠られた学徒兵の呻きがあります。小沢は、この呻きに唱和すべく、無惨な死をもたらした世界を解析することで、死者に封じ込められた「真実」を「つらい真実」として剔抉したのです。

ここに突き付けた小沢の弾劾は、「私は二、三月を出ずして死ぬ。私は死、これが壮烈なる戦死を喜んで征く」が、「世にもてはやさるる軍人も、政治家も、何と、薄っぺらな思慮なきものの多きことか。誠の道に適えば道が分るはず。まさに暗愚なる者共が後にのこりてゆくを思えば断腸の思いがする」と、死に征く者の想いを問いかけることで、遺された者として生を引き受けたものにほかなりません。

想うに歴史は、たいてい役所仕事が創った物語だと言われますように、国家が制度化した死をして神話に封じ込めて語り継がれてきました。ここに敗戦日本における「民族再生」への想いは、「特攻隊」の物語を「民族の物語」として言挙げすることで、現代に相応しい神話を造形しました。この「神話」は、市造が「暗愚なる者」とみなした軍の指導者が己の免罪符を手に入れるべく、民族精神を言挙げしたものでしかありません。

小沢は、己の青春を呪縛した時代の声に谺することで、「神話」に密封された世界を解体し、「つらい真実」として突き付けたのです。その「真実」は、闇の底にさまよう死者の声、林市造らの想いに重ねて読み解くとき、「神話」に対峙しうる新しい物語を可能としましょう。この物語は、成田武夫が詩った世界に向き合うためにも、戦争が負わせた記憶を問い質し、無惨な死を語り継いでいく世界にあるのではないでしょうか。


新宿のプロムナードで行き交う人の波は若者達で溢れている。

しなやかな肢体を、鮮やかな服装に包んで生き生きと生命を享受している。

遠い戦争の亡霊を背負っている者はもう幾人も居ないだろう。

この華やかな生命の氾濫の中へ、亡くなった英霊達を連れ戻したら彼等はどんなに戸惑うであろうか。（『成田武夫詩集　散華』）

戦争が遠い過去のこととされ、死者の無念が忘却されている現在ほど、闇の底に閉ざされた死者の声に耳を傾け、「繁栄」を謳歌する日本の危うさに「私」の言葉で応じたいものです。小沢郁郎の作品は、無惨な死を描くことで、林市造らの死者らの呻きが封じ込まれた闇にせまり、死者の心を解き放す一つの場となるものです。（二〇一八年六月記）

（筆者・筑波大学名誉教授）

改訂版　つらい真実（しんじつ）・虚構（きょこう）の特攻隊神話（とっこうたいしんわ）

著者略歴

小沢郁郎（おざわ・いくろう）

1925年　埼玉県所沢町に生れる。

高等商船学校航海科卒業。船舶勤務。東京大学文学部西洋史学科卒業。公立高校教諭を経て著述業。軍事史専攻。

1984年没。

主要著書

『特攻隊論』（たいまつ社）、小説『青春の砦』（新潮社）、『帝国陸海軍事典』（共著、同成社）、『世界軍事史』（同成社）

1983年4月20日　初版発行
2018年8月5日　改訂版第1刷

著　者　小　沢　郁　郎
発行者　山　脇　由　紀　子
印　刷　モリモト印刷㈱
製　本　協　栄　製　本　㈱

発行所　東京都千代田区飯田橋4-4-8 東京中央ビル内　同成社
TEL 03-3239-1467　振替 00140-0-20618

© Printed in Japan Dohsei publishing Co.,

ISBN978-4-88621-802-5 C0036